浅埋煤层群覆岩运动与减损开采研究

黄庆享　杜君武　著

科学出版社

北京

内 容 简 介

本书以陕北侏罗纪煤田浅埋近距离煤层群为背景，采用现场实测、物理模拟、数值计算和理论分析结合的方法，以浅埋近距离煤层群开采矿压显现特征及地表裂缝发育实测规律为基础，系统研究浅埋近距离煤层群开采覆岩垮落和地表移动规律、顶板结构特征和来压规律、覆岩和地表裂缝演化规律；分析煤柱群结构作用下的覆岩应力场、位移场和裂隙场协同作用机理，揭示覆岩运动和地表损害的煤柱群结构效应，提出通过合理调整煤柱错距控制煤柱集中应力和减缓地表非均匀沉降的“井下减压和地表减损”控制方法，并给出井下减压和地表减损开采的工作面合理布置方式；提出浅埋近距离煤层群分类方法，建立顶板结构模型，确定工作面支架工作阻力计算方法；提出通过合理配采实现产能均衡和安全减损的科学开采方式。

本书可作为矿业工程、土木工程、环境工程、地质工程等专业领域研究人员、专业技术人员和生产管理者的参考书，也可作为相关领域研究生和本科生的参考用书。

图书在版编目（CIP）数据

浅埋煤层群覆岩运动与减损开采研究 / 黄庆享，杜君武著. —北京：科学出版社，2024.6

ISBN 978-7-03-078581-7

Ⅰ. ①浅… Ⅱ. ①黄… ②杜… Ⅲ. ①采煤法 Ⅳ. ①TD82

中国国家版本馆 CIP 数据核字（2024）第 102786 号

责任编辑：祝 洁 汤宇晨 / 责任校对：崔向琳

责任印制：徐晓晨 / 封面设计：陈 敬

科学出版社 出版

北京东黄城根北街 16 号

邮政编码：100717

http://www.sciencep.com

北京建宏印刷有限公司印刷

科学出版社发行 各地新华书店经销

*

2024 年 6 月第 一 版 开本：720×1000 1/16

2025 年 1 月第二次印刷 印张：9 3/4 插页：3

字数：191 000

定价：165.00 元

（如有印装质量问题，我社负责调换）

前 言

陕北侏罗纪煤田是世界级大煤田，煤炭储量丰富，煤层埋藏浅、厚度大、层数多、层间距小，为浅埋近距离煤层群。20 世纪 80 年代末大规模开发以来，该煤田生产规模和产量逐年增加，由此产生以下突出问题：一是开采覆岩垮落和地表塌陷造成水资源、土地资源和生态环境破坏问题；二是近距离煤层群开采应力集中导致的采场和巷道矿压问题；三是科学配采等制约因素造成的效率不高和采掘接替紧张等问题。安全、高效、减损的科学开采已成为陕北侏罗纪煤田近距离煤层群的重大课题之一。

陕北侏罗纪煤田大部分矿井顶部煤层即将开采完毕，开始转向下部煤层开采。浅埋近距离煤层群重复开采强度高，地层塌陷和地表裂缝发育严重，造成的安全及生态环境问题已成为新的研究热点。实践表明，浅埋近距离煤层群高强度开采覆岩运动、地表裂缝发育和塌陷等均比单一煤层开采显著，其岩层控制、减损开采理论与技术亟待深入研究。

本书以安全、高效、减损的科学开采为目标，以陕北榆神府矿区柠条塔煤矿典型浅埋近距离煤层群为背景，揭示浅埋近距离煤层群开采覆岩垮落和地表移动规律、顶板结构特征和来压规律、覆岩和地表裂缝演化规律、覆岩（煤柱）应力场-位移场-裂隙场耦合作用机理，寻求合理的浅埋近距离煤层群开采工作面布置方式、接续顺序及支护参数，实现浅埋近距离煤层群井下减压和地表减损。通过科学配采实现产能的均衡，为浅埋近距离煤层群安全、高效、减损和均衡开采提供理论依据。

全书共 7 章。第 1 章介绍研究背景和意义、研究进展、研究内容和方法。第 2 章分析浅埋近距离煤层群开采矿压显现及地表裂缝发育规律，包括单一煤层开采和双煤层重复开采工作面的矿压规律和地表裂缝发育规律，重点对双煤层叠置区地表裂缝发育规律进行分析。第 3 章通过物理相似材料模拟实验，得出浅埋近距离煤层群单一煤层开采和多煤层重复开采的覆岩垮落规律、顶板结构特征、地表沉降规律和裂隙演化规律，揭示覆岩运动和地表损害的煤柱群结构效应，提出通过合理调整煤柱错距控制煤柱集中应力和减缓地表非均匀沉降的“井下减压和地表减损”控制方法。第 4 章通过研究浅埋近距离煤层群开采覆岩应力场-位移场-裂隙场演化规律，得出浅埋近距离煤层群开采的围岩破坏特征和应力场演化规律、遗留煤柱群结构下的覆岩裂隙场与地表位移场耦合关系，提出煤柱群结构分类，揭示煤柱群结构效应和浅埋近距离煤层群开采应力场、位移场和裂隙场协同控制机理。第 5 章提出浅埋近距离煤层群上下煤层工作面区段煤柱错距和上下同采工作面走向错距的计算方法，给出浅埋近距离煤层群井下减压和地表减损开采的工作面布置方式，为浅埋近距离煤层群科学开采奠定基础。第 6 章采用顶板结构理论，提出浅埋近距离煤层群分类方法，分析支架与围岩相互作用关系，确定浅埋单一煤层和双煤层开采工作面合理支架工作阻力的计算方法。第 7 章基于柠条塔煤矿北翼东区条件，提出通过合理配采实现产能均衡和安全、减损的科学开采方式，为浅埋近距离煤层群安全、高效、减损开采提供理论基础和技术方法。

本书出版得到国家自然科学基金项目“浅埋近距离煤层群采场覆岩结构动载效应研究”(52074211)、“基于土-岩界面效应的近距离煤层开采厚黄土层裂隙演化机制研究”(52204154)，陕西省自然科学基础研究计划-企业联合项目“煤层群开采致灾机理及预警与防治技术研究”(2019JLP-08)，陕西省自然科学基础研究计划面上项目“近距离煤层群二次采动覆岩三维结构动力失稳机理研究”(2022JM-300)，西安科技大学高质量学术专著出版资助计划(XGZ2024001)的资助。第 1 章、第 6 章和第 7 章由黄庆享完成，第 2～5 章由黄庆享和杜君武共同完成，黄庆享对全书进行了审定。本书内容凝结了团队多年来的研究心血，李雄峰、曹健等参与了本书的相关研究，在此一并表示感谢。

由于作者时间和水平有限，书中难免存在疏漏或不妥之处，恳请读者批评指正。

黄庆享

2024 年 1 月 30 日

目　录

前言
第1章　绪论 …… 1
1.1　研究背景与意义 …… 1
1.2　研究进展 …… 2
1.2.1　浅埋煤层开采岩层控制理论与技术 …… 2
1.2.2　浅埋近距离煤层群开采理论与技术 …… 6
1.2.3　浅埋近距离煤层群开采覆岩裂隙与地表减损 …… 10
1.3　研究内容和方法 …… 12
1.3.1　研究内容 …… 12
1.3.2　研究方法 …… 13
第2章　浅埋近距离煤层群开采矿压显现和地表裂缝发育规律 …… 15
2.1　柠条塔煤矿浅埋近距离煤层群开采条件 …… 15
2.1.1　主采煤层及顶底板情况 …… 15
2.1.2　煤层覆岩和表土层 …… 16
2.2　单一煤层开采工作面矿压规律 …… 19
2.2.1　N1106 工作面矿压规律 …… 19
2.2.2　N1201 工作面矿压规律 …… 22
2.3　双煤层重复开采工作面矿压规律 …… 25
2.3.1　N1206 工作面空间位置及概况 …… 25
2.3.2　N1206 工作面矿压规律 …… 26
2.4　单一煤层开采地表裂缝发育规律 …… 31
2.4.1　黄土沟壑区 1^{-2} 煤层开采地表裂缝发育规律 …… 32
2.4.2　黄土沟壑区 2^{-2} 煤层开采地表裂缝发育规律 …… 33
2.4.3　风沙滩区 2^{-2} 煤层开采地表裂缝发育规律 …… 34
2.4.4　单一煤层开采地表裂缝发育一般规律 …… 36
2.5　双煤层叠置区重复开采地表裂缝发育规律 …… 37
2.5.1　N1206 和 N1112 工作面叠置区 …… 37
2.5.2　N1206 和 N1114 工作面叠置区 …… 38
2.5.3　双煤层开采叠置区地表裂缝发育规律 …… 39
2.6　本章小结 …… 40

第 3 章　浅埋近距离煤层群开采覆岩垮落与地表移动规律 ……42
3.1　物理相似材料模拟实验设计 ……42
3.1.1　工作面概况 ……42
3.1.2　物理模型设计与开挖方案 ……44
3.2　单一煤层开采覆岩垮落规律与顶板结构 ……46
3.2.1　单一煤层开采顶板的初次垮落 ……46
3.2.2　单一煤层开采老顶周期性垮落 ……47
3.2.3　单一煤层充分采动 ……48
3.2.4　单一煤层开采覆岩垮落规律总结 ……48
3.3　多煤层重复开采覆岩垮落规律与顶板结构 ……49
3.3.1　2^{-2} 煤层开采覆岩垮落规律与顶板结构 ……49
3.3.2　3^{-1} 煤层开采覆岩垮落规律与顶板结构 ……54
3.4　近距离煤层群开采地表沉降与裂隙演化规律 ……57
3.4.1　单一煤层开采地表沉降与裂隙演化规律 ……57
3.4.2　双煤层开采地表沉降与裂隙演化规律 ……57
3.4.3　三次开采覆岩地表沉降与裂隙演化规律 ……59
3.5　近距离煤层群覆岩垮落特征及煤柱群结构效应 ……60
3.5.1　近距离煤层群开采覆岩垮落特征 ……60
3.5.2　不同区段煤柱错距覆岩及地表裂隙演化规律 ……61
3.5.3　煤层群重复开采煤柱群结构效应 ……65
3.6　本章小结 ……66
第 4 章　浅埋近距离煤层群开采应力场、位移场与裂隙场演化规律 ……67
4.1　不同工作面布置方式围岩破坏特征与应力演化规律 ……67
4.1.1　UDEC 数值模型的建立 ……67
4.1.2　双煤层开采不同区段煤柱错距的围岩破坏特征及地表沉降规律 ……69
4.1.3　不同工作面走向错距围岩破坏特征及地表沉降规律 ……72
4.2　不同煤柱群结构的覆岩三场演化规律 ……75
4.2.1　FLAC3D 数值计算模型设计 ……75
4.2.2　浅埋近距离煤层群煤柱叠加应力场演化规律 ……76
4.2.3　浅埋近距离煤层群开采地表拉应力及地表拉裂缝规律 ……81
4.2.4　浅埋近距离煤层群开采地表沉陷与破坏规律 ……87
4.3　应力场、位移场与裂隙场协同控制机理 ……93
4.4　基于三场演化规律的煤柱群结构 ……95
4.4.1　基于三场演化规律的煤柱群结构分类 ……95
4.4.2　煤柱群结构的减压与减损效应 ……97

4.5　本章小结 ··· 97
第 5 章　浅埋近距离煤层群工作面合理布置方式 ··· 99
5.1　浅埋近距离煤层群开采上下工作面区段煤柱错距确定 ··· 99
5.1.1　煤柱群结构效应影响下的三场耦合作用机理 ··· 99
5.1.2　浅埋近距离煤层群减损开采耦合控制判据 ··· 103
5.2　浅埋近距离煤层群开采上下同采工作面走向错距确定 ··· 106
5.3　浅埋近距离煤层群科学开采工作面布置方式 ··· 110
5.4　本章小结 ··· 112
第 6 章　浅埋近距离煤层群顶板结构及支架支护阻力 ··· 113
6.1　浅埋单一煤层开采顶板结构及支架工作阻力确定 ··· 113
6.1.1　老顶初次来压顶板结构分析 ··· 113
6.1.2　老顶周期来压顶板结构分析 ··· 118
6.1.3　浅埋单一煤层开采工作面支架工作阻力计算 ··· 124
6.2　浅埋近距离煤层群顶板结构及支架工作阻力确定 ··· 125
6.2.1　浅埋近距离煤层群分类 ··· 125
6.2.2　浅埋极近距离煤层群顶板结构分析 ··· 125
6.2.3　浅埋单一关键层近距离煤层顶板结构分析 ··· 127
6.2.4　浅埋双关键层近距离煤层顶板结构分析 ··· 129
6.2.5　浅埋双煤层开采下部煤层工作面支架工作阻力计算 ··· 131
6.3　本章小结 ··· 131
第 7 章　浅埋近距离煤层群科学开采 ··· 132
7.1　科学采矿与完全成本 ··· 132
7.1.1　基本理念 ··· 132
7.1.2　柠条塔煤矿的科学开采 ··· 133
7.2　基于浅埋近距离煤层群产能均衡的科学配采方式 ··· 134
7.2.1　浅埋近距离煤层群上下煤层配采产能关系 ··· 134
7.2.2　北翼东区工作面接续计划和开采顺序 ··· 136
7.2.3　北翼东区工作面科学开采规划 ··· 138
7.3　矿井安全绿色高效开采 ··· 139
7.4　本章小结 ··· 141
参考文献 ··· 142
彩图

第1章　绪　　论

本章介绍浅埋近距离煤层群覆岩运动与减损开采的研究背景和意义，浅埋近距离煤层群开采理论与技术、覆岩及地表裂缝的研究进展，以及浅埋近距离煤层群开采覆岩运动与减损开采的研究内容和方法。

1.1　研究背景与意义

陕西省是我国的煤炭大省，累计探明储量居全国第四位。境内分布陕北侏罗纪煤田、陕北石炭二叠纪煤田、陕北三叠纪煤田、渭北石炭二叠纪煤田、黄陇侏罗纪煤田五大煤田和陕南零星产煤地，含煤面积 5.7 万 km^2，约占全省面积的 27.7%。其中，陕北侏罗纪煤田是世界七大煤田之一，主要包括神府矿区、榆神矿区、榆横矿区和靖边预查区，累计探明储量约占全省已探明煤炭资源储量的 76.05%[1]。该煤田的煤层赋存特点是煤层厚、层数多、埋藏浅、煤质优良、开采条件相对简单。20 世纪 80 年代末陕北侏罗纪煤田大规模开发以来，煤炭生产规模和产量逐年增加，由此产生了三个突出问题：一是采煤引起水资源、土地资源、生态环境破坏等；二是存在浅埋近距离煤层群开采应力集中和强矿压问题；三是亟须科学配采提高开采效率和缓解采掘接替紧张等。解决上述问题已成为陕北侏罗纪煤田科学开采的重大研究方向。

陕北侏罗纪煤田大部分矿井顶部煤层即将开采完毕，特别是榆神府矿区，主要开采浅埋近距离煤层群。目前，大部分矿井开始转向下位煤层开采，浅埋近距离煤层群安全高效减损开采已成为新的研究热点。浅埋近距离煤层群高强度开采下的矿压显现和地表裂缝发育等均较强烈，现有理论技术已不能有效地指导开采实践，亟待研究浅埋近距离煤层群岩层控制理论和合理开采方法，为安全高效减损开采提供科学依据。

浅埋近距离煤层群开采强度大，多次开采造成地层垮落充分，地表裂缝发育严重，研究难度大。以往研究多集中在单一煤层开采方面。本书以陕北榆神府矿区典型浅埋近距离煤层群地质条件为背景，以安全、均衡、环境友好并举的科学开采理念，揭示浅埋近距离煤层群高强度开采覆岩垮落特征、顶板结构运动与来压规律、覆岩和地表移动与裂缝发育规律，寻求合理的煤层群开采工作面布置方式、接续顺序及支护参数，达到减缓覆岩不均匀沉降、减轻煤柱应力集中和地表裂缝发育程度、实现浅埋近距离煤层群安全高效减损开采的目的。这是一种创新的科学开采模式，将有效推进浅埋近距离煤层群安全高效绿色开采理论与技术的发展，具有重要的理论意义和工程应用价值。

1.2 研究进展

1.2.1 浅埋煤层开采岩层控制理论与技术

苏联学者秦巴列维奇认为，浅埋煤层顶板呈斜方六面体沿煤壁垮落直至地表[2]。布德雷克发现浅埋煤层顶板活动剧烈，与常规采场顶板失稳特征存在差异[3]。澳大利亚学者 Holla 和 Buizen 通过实测得出浅埋煤层开采顶板垮落带高度是采高的 9 倍，覆岩破断角大，移动速度快[4]。国外主要对浅埋煤层开展了初步的实测研究，而类似我国西部浅埋煤层岩层控制的系统理论研究，以我国研究为主。

20 世纪 90 年代初，陕北神东矿区大规模开发初期，我国开始了浅埋煤层采场矿山压力显现规律和岩层控制的研究。西安科技大学矿山压力研究所通过观测大柳塔煤矿 C202 试采工作面矿压规律，发现浅埋煤层开采时工作面矿压显现比普通工作面剧烈。黄庆享和侯忠杰通过对大柳塔煤矿 1203 首采工作面进行物理相似材料模拟，发现厚松散层薄基岩浅埋煤层顶板破断运动的主要特征是基岩全厚切落，并且分析了水沙沿顶板贯通裂隙溃入工作面的可能性和危害性[5-6]。石平五等提出了浅埋煤层覆岩“大、小结构理论”，指出覆岩及表土层形成的大结构对基岩小结构具有显著影响[7]。侯忠杰研究了浅埋煤层薄基岩顶板“组合关键层”，认为组合关键层不易形成三铰拱式或“砌体梁”平衡结构[8-9]。

1993～2000 年，黄庆享系统研究了浅埋煤层矿压显现和覆岩垮落规律，以单、双关键层为主要指标，提出了典型浅埋煤层和近浅埋煤层两种类型及其科学定义[10]，建立了浅埋煤层采场顶板结构理论，奠定了顶板支护的理论基础；系统地建立了浅埋煤层采场初次来压非对称三铰拱结构模型(图 1.1)[11-12]、周期来压台阶岩梁结构模型(图 1.2)[13]和近浅埋煤层双关键层结构模型(图 1.3)；揭示了浅埋煤层采场来压机理是非稳定结构滑落失稳，测定了顶板结构端角挤压系数和端角摩擦系数[14]，提出了支护阻力计算方法，形成了经典的浅埋煤层顶板控制理论。

基于三维物理相似材料模拟，黄庆享等揭示了浅埋煤层老顶初次破断(图 1.4)和周期破断的空间结构特征。浅埋煤层老顶初次破断后形成两个主板块，板块回转运动形成 V 形沟，在采空区短边表现出明显的边角圆弧过渡。弧三角区裂隙较宽，呈贯通张开型，形成溃沙通道。老顶周期性破断期间，顶板在超前工作面煤壁出现微弧形开裂线，随工作面推进岩板回转形成微弧形岩条，如图 1.5 所示，工作面矿压显现为中部压力大且持续时间长。弧三角区岩板裂缝为“上闭下开”状态，容易形成溃水溃沙通道。

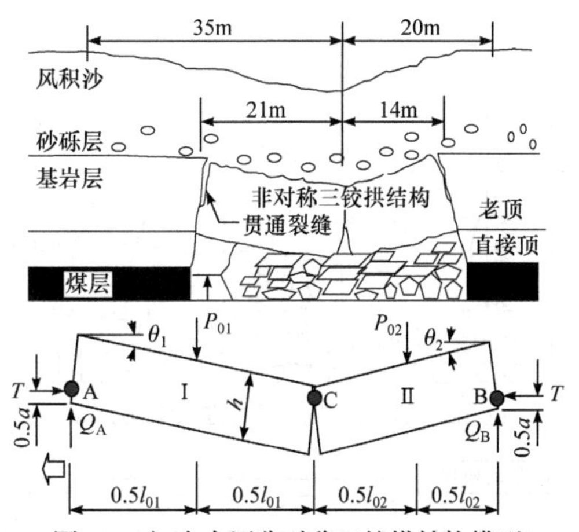

图 1.1　初次来压非对称三铰拱结构模型

P_{01}、P_{02} 分别为Ⅰ、Ⅱ块体承受的载荷；θ_1、θ_2 分别为Ⅰ、Ⅱ块体的回转角；a 为接触面高度；Q_A、Q_B 分别为A、B 接触铰上的摩擦剪力；l_{01}、l_{02} 分别为Ⅰ、Ⅱ块体长度；h 为老顶岩块厚度；T 为水平力；A、B、C 为老顶岩块铰接点

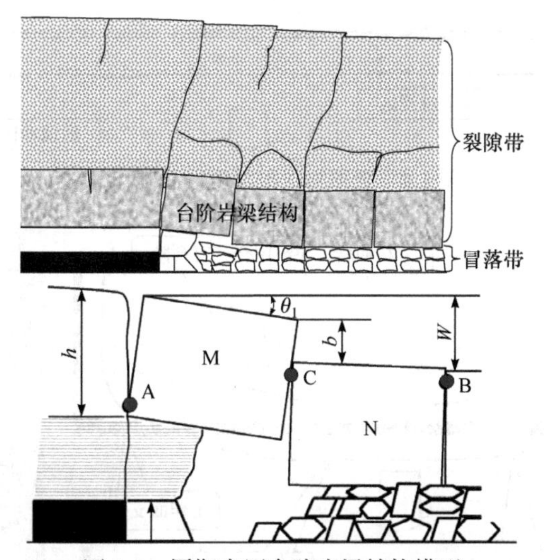

图 1.2　周期来压台阶岩梁结构模型

θ_1 为 M 岩块的回转角；W 为 N 岩块的下沉量；b 为 N 岩块与 M 岩块之间的落差；h 为老顶岩块厚度；A、B、C 为老顶岩块铰接点

2001 年以来，黄庆享等通过物理相似材料模拟，揭示了厚沙土层初次“厚拱壳”破坏、临界充分采动“拱梁”和周期性“弧形岩柱”结构载荷传递特征，如图 1.6 所示；提出了载荷传递因子，阐明了采场提速减压的机理[15-16]，关键块上的动态载荷传递规律如图 1.7 所示。以上研究奠定了顶板动态结构理论基础。

2005 年以来，黄庆享等通过固液耦合物理相似材料模拟实验开始了浅埋煤层保水开采岩层控制研究，揭示了开采覆岩“上行裂隙”和“下行裂隙”发育规律

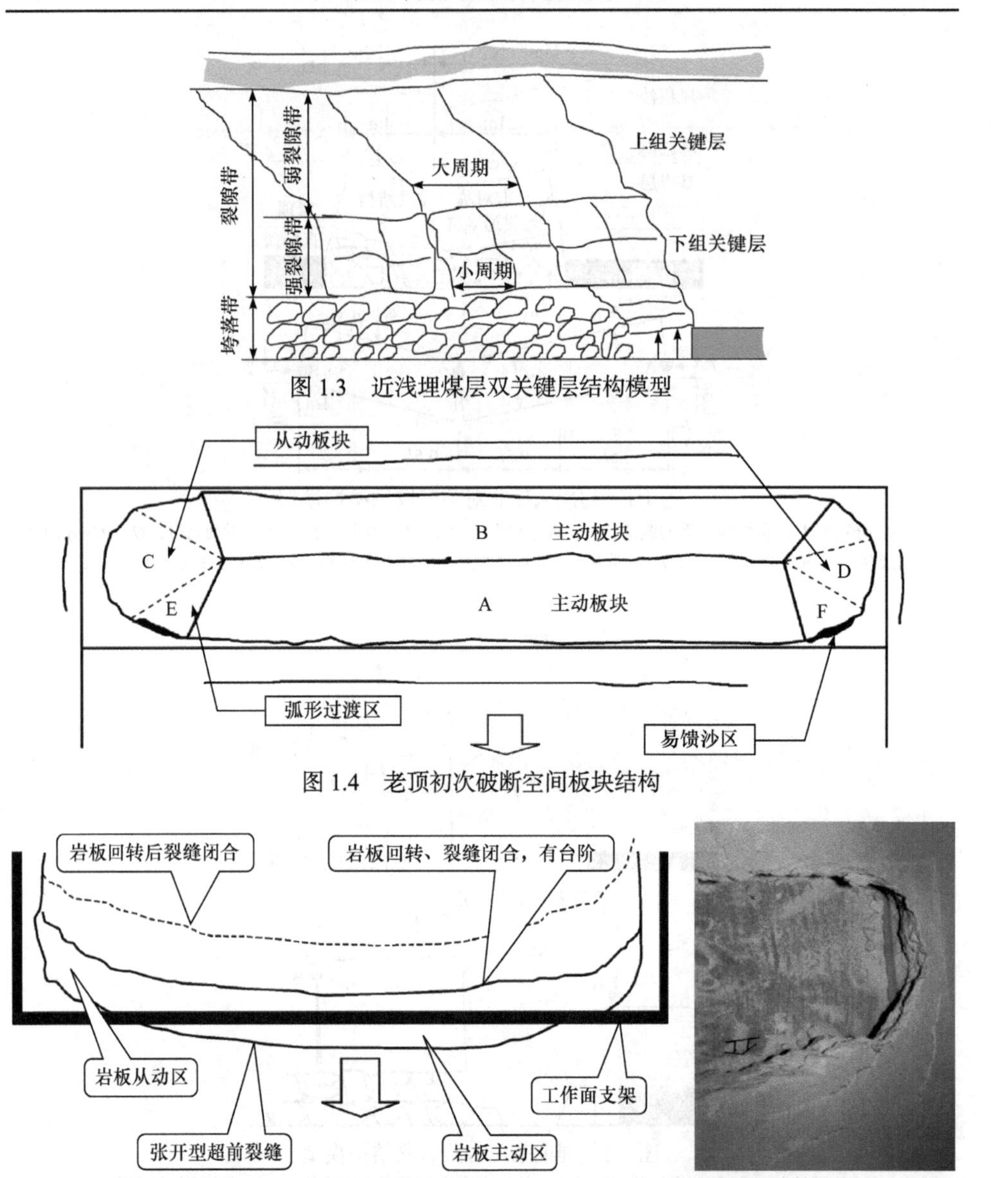

图 1.3 近浅埋煤层双关键层结构模型

图 1.4 老顶初次破断空间板块结构

图 1.5 顶板周期性破断形成微弧形岩条空间结构

(图 1.8)，据此建立了隔水层稳定性判据，提出了浅埋煤层保水开采的“自然保水开采”“限高保水开采”和“特殊保水开采”分类方法，奠定了浅埋煤层保水开采的岩层控制理论基础[17-20]。针对浅埋煤层特殊保水开采条件，提出了柔性条带充填保水开采方法，建立了柔性条带充填力学隔水层稳定性模型(图 1.9)，给出了条带充填隔水层稳定性判据，确定了上行裂隙发育高度和下行裂隙发育深度，丰富和完善了浅埋煤层保水开采岩层控制理论[21-22]。

(a) 初次“厚拱壳”破坏

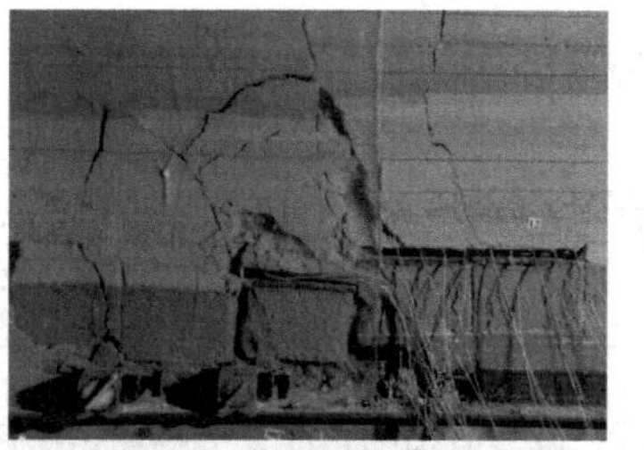
(b) 周期性“弧形岩柱”式破坏

图 1.6 沙土层破坏形态演化特征及载荷传递规律

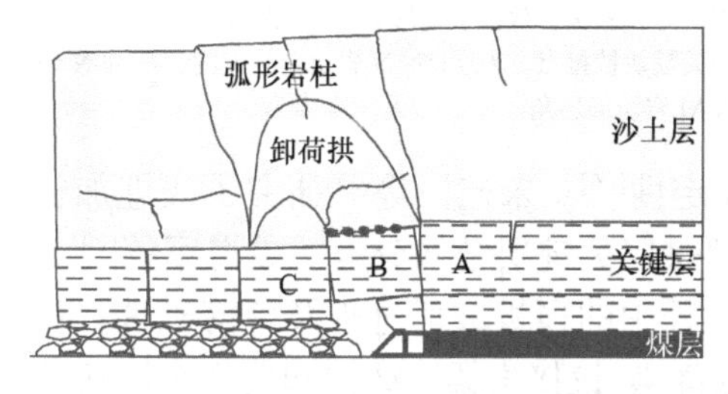

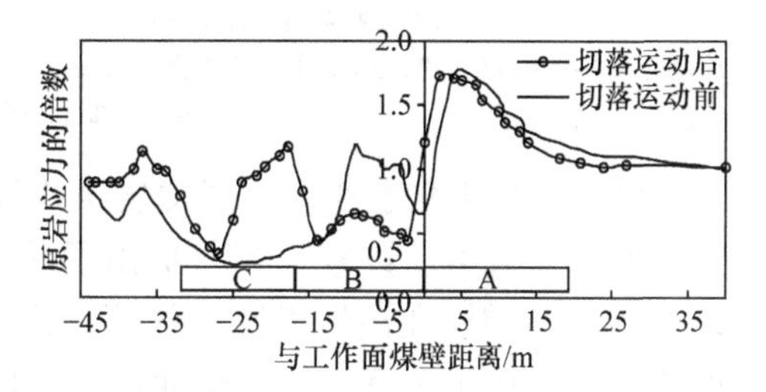

图 1.7 关键块上的动态载荷传递规律

A、B、C 表示顶板结构关键块

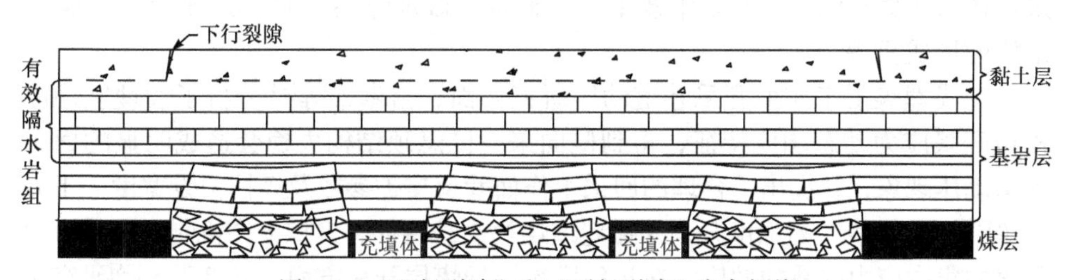

图 1.8 “上行裂隙”和“下行裂隙”发育规律

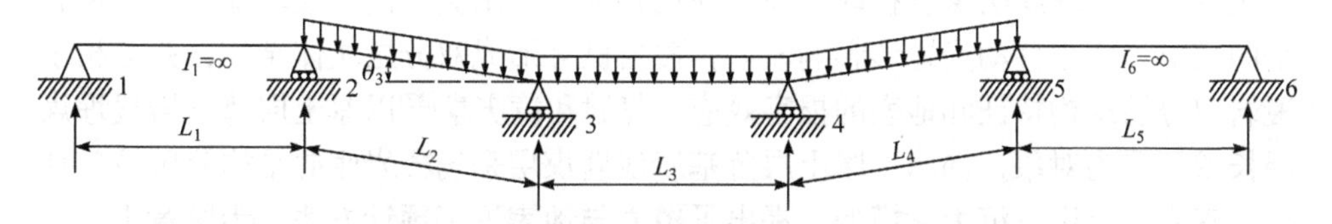

图 1.9 柔性条带充填力学隔水层稳定性模型

1～6 为力学模型支撑体；θ_3 为连续梁第三跨在相同支座处的转角；L_1～L_5 为相邻支撑体之间的跨长；I_1、I_6 为惯性矩

2011 年以来，黄庆享等通过大量实测数据分析[23-25]，掌握了浅埋煤层大采高工作面矿压显现基本规律，提出大采高工作面“等效直接顶”的概念，建立了“高位台阶岩梁”结构模型，如图 1.10 所示；揭示了大采高工作面来压机理和煤壁片帮机理，分析了大采高工作面“支架-围岩”关系，给出了工作面支架阻力计算公式，为浅埋煤层大采高工作面支架选型和顶板控制提供了科学依据。

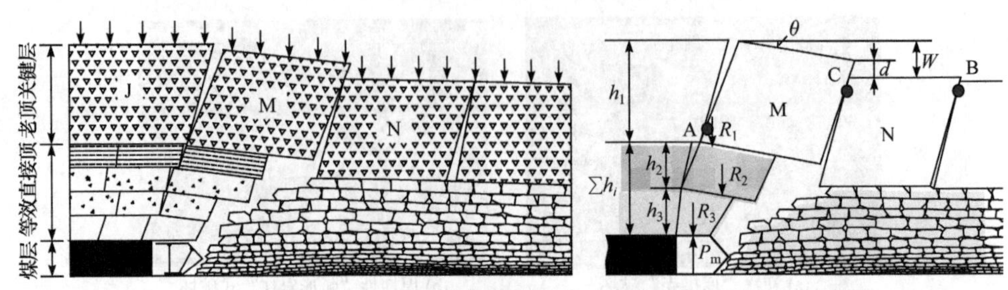

图 1.10　大采高工作面“等效直接顶”和“高位台阶岩梁”结构模型

J、M、N 为老顶结构关键块；$\sum h_i$ 为等效直接顶厚度；h_1 为老顶关键层厚度；h_2 为等效直接顶短悬臂梁厚度；h_3 为易垮落等效直接顶厚度；R_1 为 M 岩块对等效直接顶的作用力；R_2 为等效直接顶形成的短悬臂梁自重；R_3 为易垮落等效直接顶自重；P_m 为支架承受的载荷；A、B、C 为关键块铰接点；d 为 M、N 岩块台阶高度；W 为 N 岩块回转下沉量；θ为 M 岩块回转角

Meng 等研究了浅埋煤层覆岩结构稳定性[26]。宋选民等[27]研究了浅埋加长工作面矿压规律。许家林等[28]提出了浅埋煤层关键层结构分类。姜海军等[29]系统分析了关键层在浅埋煤层工作面推进过程中的顶板破坏过程及垮落机理。任艳芳[30-31]分析了浅埋煤层工作面覆岩“悬臂梁-铰接岩梁”结构和覆岩全厚切落时空演化过程。杨达明等[32]在压力拱和关键层理论的基础上，建立了浅埋煤层采场覆岩压力拱结构模型。宋桂军等[33]研究了浅埋煤层“主控层-软弱层”组合结构的形成机理。

在浅埋煤层工作面开采巷道动压研究方面，苗彦平等[34]分析了浅埋坚硬厚顶板开采应力动态响应特征，得到侧向采空区悬顶结构失稳会造成明显的回采巷道动压现象，并提出了合理的回采工作面巷道支护参数及煤柱留设宽度。王方田等[35]研究了浅埋高强度开采回撤巷道煤柱受载特征、累积损伤机制、开采应力与煤柱集中应力的叠加效应。在沟谷区域浅埋煤层开采方面，王双明等[36]研究了黄土沟谷区浅埋煤层覆岩移动与地表损伤特征，得出黄土沟壑缓坡地带开采覆岩垂向变形与水平移动受地形影响较大，覆岩破坏形成双分层块体结构，并分析了覆岩双分层结构特征和地表的损害效应。曹健和黄庆享[37]以厚土层薄基岩浅埋煤层长壁开采为对象，揭示了厚土层薄基岩浅埋煤层采场覆岩倾向结构分区及其特征，建立了分区下沉力学模型，提出了覆岩与地表下沉预计方法，为厚黄土层下浅埋煤层采场覆岩与地表下沉预计提供了新方法。

综上所述，国内外学者在浅埋单一煤层开采岩层控制方面开展了系统研究，取得了开创性的成果，有力支撑了浅埋单一煤层安全高效开采。

1.2.2　浅埋近距离煤层群开采理论与技术

煤层群重复开采引起的矿压显现和顶板结构不同于单一煤层开采。长期以来，国内外学者对单一煤层开采的岩层控制开展了大量研究，但对于浅埋近距离煤层群重复开采的顶板垮落规律、顶板结构及其活化、覆岩开采裂隙演化、地表减损开采等方面的研究不多。对于浅埋近距离煤层群开采而言，重复开采形成的地表裂缝更加显著，煤柱集中应力导致的巷道支护困难和工作面强矿压等问题突出。浅埋近距离煤层群开采顶板来压机理和地表裂缝演化规律不清，顶板支护和减损开采缺乏科学依据，亟待研究。

1. 近距离煤层群开采的相关定义

通常，将多个煤层称为煤层群，多个受开采相互影响的煤层称为近距离煤层群，有时简称为近距离煤层。

苏联学者以煤层开采时顶板破坏带高度定义近距离煤层，并将煤层间的距离作为能否采用上行式开采的判定条件[38-39]。

我国《煤矿安全规程》将近距离煤层定义为煤层群层间距离较小、开采时相互有较大影响的煤层。张百胜[40]将上部煤层开采时对底板岩层的损伤深度 h_σ 作为划分近距离煤层的依据，当煤层间距 h_j 满足 $h_j<h_\sigma$ 时，该煤层可视为极近距离煤层。

2. 近距离煤层群开采方式

我国煤矿开采实践中，近距离煤层群的开采方式主要有单层逐层开采、联合开采和含夹矸煤层的综放开采[41-45]。单层逐层开采可分为下行式开采和上行式开采两种，先开采上部煤层后开采下部煤层称为下行式开采，是主要的开采方式，反之称为上行式开采。国内外学者关于上行式开采的研究多是围绕煤层间距和采厚进行的，特别是把煤层间距作为决定能否采用上行式开采的主要指标，而综合考虑下煤层采厚与间隔岩层厚度的研究不多。

煤层群采用上行式开采的判别方法主要有实践经验法、比值判别法、“三带”判别法、围岩平衡法等。根据已有研究成果，实现上行式开采的先决条件是下部煤层开采不破坏上部煤层的完整性和连续性。对于近距离煤层群，关于下行式开采的研究主要以避开上部煤层煤柱集中压力为出发点，运用单一煤层开采的研究成果，确定下部煤层巷道的合理位置。

近距离上、下煤层同时开采时，同采工作面保持合理错距可避免上煤层顶板冒落对下煤层工作面造成冲击压力，同时须避免下煤层回采波及上煤层工作面，上、下煤层工作面同时开采如图 1.11 所示。

3. 近距离煤层群回采巷道布置方式

近距离煤层群回采巷道的布置方式主要有内错式布置、外错式布置和重叠式布置三种形式，如图 1.12 所示。一般认为，煤柱或煤体下方的一侧为增压区，应

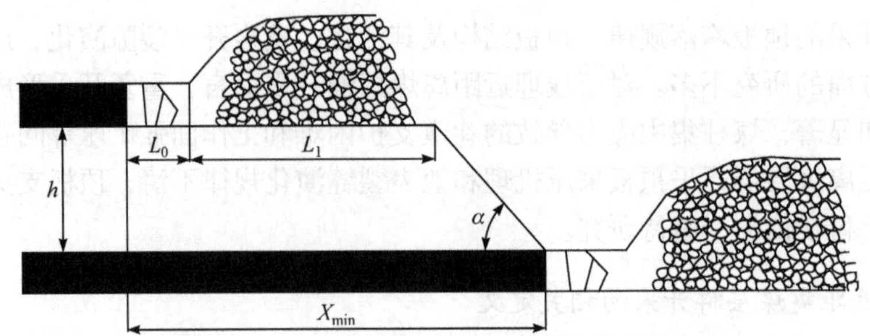

图 1.11　上、下煤层工作面同时开采示意图

h 为上、下煤层间距；L_0 为支架控顶距；L_1 为上煤层覆岩平均垮落步距；α 为破断角；X_{min} 为上下煤层同采错距

力高于原岩应力；采空区下方一侧为卸压区，应力低于原岩应力。为提高巷道稳定性，使下部煤层巷道处于低应力区，往往内错一定距离布置下部煤层巷道。

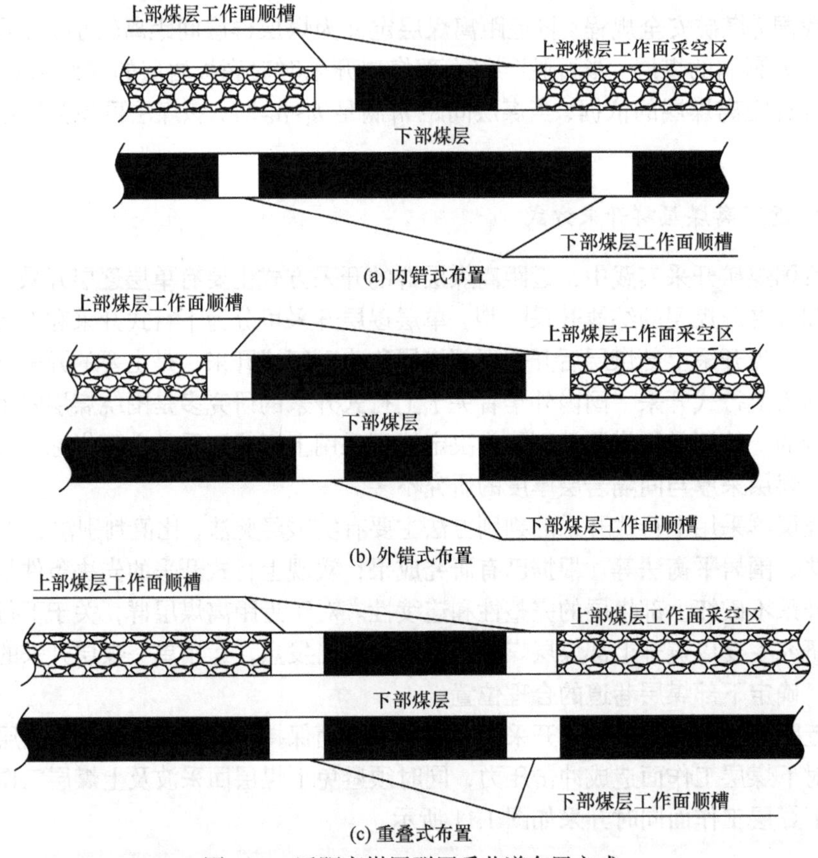

图 1.12　近距离煤层群回采巷道布置方式

4. 近距离煤层群开采覆岩运动和集中应力分布特征

吴爱民等[46]通过不连续变形分析(discontinuous deformation analysis，DDA)数

值方法模拟再现了留设煤柱时的上覆岩层变形破坏过程，得出当下煤层开采通过邻近上煤层煤柱对应位置时，留设煤柱承受的集中载荷在回采过程中突然释放，导致上覆岩层有大范围的离层，并由此引发地表大面积沉陷。

胡炳南[47]结合长壁开采岩层移动特点，建立了开采时和采后的力学模型，分析了厚煤层分层重复开采和煤层群重复开采岩层移动的规律，指出煤层群重复开采下沉系数“活化”程度随层间距的增大而减小，但“活化”程度的减小速度较层间距的增加速度缓慢。

陆士良等[48-49]通过对煤层群开采进行大量实测，分析了避免应力集中的下煤层巷道布置方法，确定了下煤层巷道与上煤层煤柱边缘水平距离及上煤层间垂距的经验关系。

史元伟[50]采用解析法和数值计算方法分析了近距离煤层群开采煤柱下方的底板岩层应力分布规律，阐明了单一工作面及多工作面开采高应力区分布特征，为巷道布置、开采顺序、工作面位置及岩层控制提供了可靠依据。

郭文兵等[51]应用光弹性力学模拟方法，研究了平煤八矿煤层群同采采场围岩应力分布规律、应力集中程度及其相互影响，为确定煤层群开采顺序及合理布置回采巷道提供了依据。

5. *近距离煤层群开采覆岩结构与矿压机理*

周楠等[52]分析了近距离煤层群上煤层采空区下的工作面矿压显现和覆岩运动规律，提出了“块体散体-块体”结构，揭示了工作面“小-大初次来压及周期来压”显现规律。

于斌、刘长友等建立了煤层群破断顶板群演化模型，得出“遗留煤柱+破断顶板群结构”条件下的支护强度计算公式，揭示了破断顶板群结构演化规律；建立了近距离煤层群多采空区顶板群结构的失稳模型，确定了大同矿区坚硬顶板群结构的失稳参数，为大同矿区及类似矿井多煤层开采围岩控制提供了依据[53-55]。

李杨等[56]建立了近距离煤层群开采顶板砌体梁式、散体给定式及散体给定式-砌体梁式平衡结构模型，开发了适用于某集团近距离煤层群开采覆岩破断及支架载荷评价系统，为近距离煤层群协调开采及智能化建设提供了新思路。

杜锋等[57]对补连塔煤矿22307工作面过边界煤柱开采阶段异常矿压显现机理进行了研究，基于间隔关键层结构稳定性，揭示了边界煤柱下开采异常矿压致灾机理。

屠世浩等[58]认为，煤柱应力集中会引起大面积煤柱失去支撑能力，从而引发冲击矿压，提出了采取煤柱爆破放顶卸压、地面钻孔注砂充填煤房和合理控制采高等预防措施。

鞠金峰等[59-60]通过系统研究浅埋近距离煤层群出煤柱开采压架机理及发生条件，认为控制煤层间关键块体的运动是防治压架的关键，据此提出了促使关键块提前回转、阻止和破坏其回转的预防压架灾害思路。

张勋等[61]针对大同矿区双系煤层群开采条件，研究了顶板动态垮落形变与矿压显现特征，发现覆岩上部各关键层同步失稳是工作面强矿压的诱因，上部煤层留设煤柱对下部煤层工作面强矿压显现具有滞后性。

孙立等[62]认为，多次开采覆岩变形、破坏至连通的时空关系与采厚、开采次数、层间距及岩性等因素密切相关，覆岩运移的多次演化叠加是开采应力演化致灾的主要因素。

付兴玉等[63]认为，工作面出集中煤柱期间，下煤层工作面覆岩的回转运动使上覆集中煤柱支撑宽度减小，超前失稳运动使工作面覆岩受到动载荷作用，破坏工作面覆岩承载结构的稳定性，从而诱发动荷载矿压。

侯运炳等[64]采用连续损伤模型，对近距离煤层群层间老顶的损伤和破断规律进行了研究，认为层间老顶损伤分为无损伤、部分损伤和完全损伤三类，其对下部煤层矿压显现规律的影响依次减弱。

程志恒等[65]认为，叠加开采影响下的顶底板卸压程度高于一次开采影响下，重复开采形成稳定性顶板结构具有随机性。

王晓振等[66]实测了走向煤柱对近距离煤层 6.3m 群采高综采面矿压规律的影响，得出走向煤柱区域下的来压步距略大，走向煤柱区域下初次来压载荷比采空区下大，煤柱下周期来压比采空区下小，间隔岩层和煤柱结构对来压具有重要影响。

杨俊哲[67]、周海丰[68]、田臣等[69]分析了浅埋近距离煤层群集中煤柱下工作面动压机理，提出了预裂爆破、斜调工作面等动压防治技术。

黄庆享、杜君武等[70-71]通过物理相似材料模拟、数值计算和理论分析相结合的方法，研究了浅埋近距离煤层群工作面合理区段煤柱错距确定方法，得出上下煤层同时开采时，下煤层工作面围岩应力受上煤层开采影响较大；浅埋近距离煤层群上下工作面同时开采时走向错距应采用稳压式布置，给出了稳压式布置的计算公式，为浅埋近距离煤层群开采的合理巷道布置和煤柱留设参数提供了理论依据。黄庆享、曹健、杜君武、黄克军等对神东矿区浅埋近距离煤层群岩层控制进行了系统研究，建立了浅埋近距离煤层群顶板结构模型，以间隔层关键层数和间采比(间隔岩层厚度与采高之比)为指标，将近距离煤层群分为三类，构建了浅埋近距离煤层群大采高顶板结构模型[72-75]。

1.2.3 浅埋近距离煤层群开采覆岩裂隙与地表减损

煤层开采覆岩裂隙与地表损害密切相关，随着煤矿绿色开采日益受到重视，覆岩及地表裂隙的控制研究已经成为新的热点之一，国内学者对此开展了大量研究。

钱鸣高和许家林[76]研究了覆岩开采裂隙分布特征，揭示了长壁工作面覆岩开采裂隙分布的两阶段特征与O形圈特征，建立了卸压瓦斯的O形圈抽放理论。刘辉等[77]分析了浅埋单一煤层地表塌陷型裂缝的动态发育规律。

胡振琪等[78]对浅埋单一煤层开采沉陷地裂缝分布特征与发育规律进行了深入研究，指出开采对地表环境的影响主要是沉陷地裂缝。研究表明，临近工作面开采会减小地裂缝宽度约40%，边缘裂缝是修复的重点，但缺乏对地裂缝从发育到湮灭全过程的研究。

范立民等[79]通过遥感结合实地调查，对榆神府矿区地裂缝的分布进行了研究，表明榆神府矿区塌陷面积共94km^2，地面沉陷区95处，大型地裂缝带1802条，黄土沟壑区高强度开采区地裂缝密集，地表破坏严重。

胡永忠等[80]以松河煤矿煤层群混合开采地质条件为背景，通过物理相似材料模拟研究煤层群混合开采过程中覆岩裂隙发育规律，为煤层群混合开采顶板控制提供了理论依据。徐乃忠等[81]研究了浅埋深特厚煤层综放开采地表裂缝发育规律，给出了地表拉裂缝与剪裂缝发育范围的理论计算公式。

许家林等[82]首次提出了开采覆岩卸荷膨胀累积效应对地表下沉系数的影响，为地表减沉提供了新思路。

薛东杰等[83]揭示了开采裂隙演化规律，指出上煤层开采碎胀作用明显，下煤层开采地表下沉线性增长明显，利用分形与逾渗理论定量评价了开采裂隙演化特征。

王双明等[84]指出，西部生态脆弱区减损开采是煤炭安全高效开发与环境保护协调发展的必然选择。李全生等[85]研究了开采损伤在垮落带、裂隙带和弯曲下沉带中传递的耗散系数，揭示了开采覆岩损伤逐层上传、分区耗散的机理；提出了源头减损是控制开采损伤的主要途径，并分析了源头减损关键技术[86]。

黄庆享、杜君武等对陕北典型浅埋近距离煤层群开采进行了研究，得出覆岩裂隙主要为采空区边缘的上行裂隙和垮落区内的离层裂隙；地表裂隙主要为开切眼和停采线永久边界裂隙、随工作面推进周期性出现的平行裂隙、面间煤柱边界裂隙[87]。面间煤柱边界裂隙分布广且较发育，受上、下煤柱位置的影响显著，是地表裂隙控制的主要对象。黄庆享和杜君武[88]进一步研究了浅埋近距离煤层群开采减缓煤柱集中应力和地表裂缝发育的耦合控制技术，建立了煤柱集中应力和地裂缝耦合控制模型和判据，揭示了减小煤柱集中应力和实现地表均匀沉降的减损机理，为浅埋近距离煤层群安全减损开采奠定了理论基础。

综上所述，浅埋近距离煤层群开采方式、巷道布置、矿压显现规律及覆岩和地表裂隙(缝)演化规律日益受到重视，研究成果丰富，兼顾地表减损和井下减压的绿色开采岩层控制研究已经成为重要的研究和发展方向。

1.3 研究内容和方法

1.3.1 研究内容

本书以陕北榆神府矿区柠条塔煤矿煤层群开采条件为工程背景，以主采煤层及其覆岩剖面组合类型、空间展布规律和煤岩物理力学参数为基础，主要内容如下。

1) 浅埋近距离煤层群开采矿压显现规律和地表裂缝发育规律实测分析

针对柠条塔煤矿北翼东区 2^{-2} 煤层和 1^{-2} 煤层开采，实测研究单一煤层开采工作面矿压规律、双煤层重复开采工作面矿压规律、单一煤层开采地表裂缝发育规律、双煤层重复开采地表裂缝发育规律。

2) 浅埋近距离煤层群开采覆岩垮落运动与地表沉降规律

①开展煤层群开采覆岩运动与顶板结构研究，包括单一煤层开采覆岩运动规律与顶板结构、双煤层开采覆岩运动规律与顶板结构、三次开采覆岩运动规律与顶板结构；②开展煤层群开采裂隙演化与地表沉降规律研究，包括单一煤层开采裂隙演化与地表沉降规律、双煤层开采裂隙演化与地表沉降规律、三次开采覆岩裂隙演化与地表沉降规律；③开展浅埋近距离煤层群重复开采顶板岩层控制研究，包括煤层群重复开采覆岩与裂隙发育、双煤层开采不同区段煤柱错距覆岩裂隙演化规律、煤层群重复开采顶板岩层控制。

3) 浅埋近距离煤层群开采应力场、位移场与裂隙场耦合作用机理

研究不同开采方式围岩破坏与应力分布规律，包括双煤层开采不同区段煤柱错距围岩破坏特征及地表沉降规律、双煤层开采不同走向错距围岩破坏特征及地表沉降规律；分析煤柱群结构效应，包括浅埋近距离煤层群煤柱叠加应力场演化规律、浅埋近距离煤层群开采地表拉应力与地表破坏特征，浅埋近距离煤层群开采地表沉陷与破坏演化规律。

4) 浅埋近距离煤层群减损开采工作面布置方式

确定合理的浅埋近距离煤层群开采上、下工作面区段煤柱错距，研究双煤层开采不同区段煤柱错距围岩应力场与位移场协同作用机理，浅埋近距离煤层群开采不同煤柱错距与煤层厚度、工作面长度关系，浅埋近距离煤层群开采的区段煤柱应力场与裂隙场耦合控制；确定合理的浅埋近距离煤层群上、下同采工作面走向错距，研究不同工作面走向错距围岩应力场与位移场协同作用机理，上、下工作面走向合理错距理论计算；给出浅埋近距离煤层群井下减压和地表减损开采的

工作面布置方式。

5) 浅埋近距离煤层群开采工作面支架-围岩作用关系及支架工作阻力

基于浅埋单一煤层顶板结构理论，提出浅埋近距离煤层群分类，建立浅埋近距离煤层群顶板结构模型，结合柠条塔煤矿浅埋近距离煤层开采条件，给出工作面合理的支护阻力确定方法。

6) 浅埋近距离煤层群科学开采模式及规划

基于安全高效，兼顾资源高回收率和环保的原则，综合考虑浅埋近距离煤层群赋存条件和覆岩垮落规律，建立科学的煤层群配采关系，确定煤层群安全开采与地表塌陷治理协调发展的综合评价原则，提出浅埋近距离煤层群矿区科学开采规划。

1.3.2 研究方法

1) 现场实测掌握煤层群开采覆岩运动与地表裂缝发育规律

掌握浅埋近距离煤层群开采矿压显现规律和地表裂隙发育规律，分析煤层群开采地表裂隙分布及其变化与采空区煤柱之间的关系。

2) 物理相似材料模拟实验研究煤层群开采应力集中和裂隙演化规律及其控制

以柠条塔煤矿北翼 1^{-2} 煤层 N1114 工作面和 2^{-2} 煤层 N1206 工作面为主要研究对象，并以叠置开采为重点，采用物理相似材料模拟方法，研究浅埋近距离煤层群开采覆岩破坏移动规律。主要开展首采煤层(1^{-2} 煤层)工作面开采、二次开采(1^{-2}、2^{-2})煤层工作面开采和三次开采(1^{-2}、2^{-2} 和 3^{-1})煤层工作面开采模拟研究；揭示 1^{-2} 煤层开采后工作面矿压显现规律和覆岩垮落规律，确定垮落带和裂隙带高度、1^{-2} 煤层采完后 2^{-2} 煤层开采时工作面矿压显现规律和覆岩垮落规律的影响；确定垮落带和裂隙带的发育高度，分析 1^{-2}、2^{-2} 煤层采完后 3^{-1} 煤层开采时工作面覆岩垮落规律和地表裂缝产生的机理；确定初次来压和垮落步距、周期来压和垮落步距、垮落带和裂隙带的发育特征和发育高度。

此外，开展 1^{-2}、2^{-2} 和 3^{-1} 煤层工作面开采合理错距模拟研究，通过模拟上、下煤层区段煤柱不同布置方式的开采覆岩裂隙场和位移场演化特征，提出合理的安全减损煤柱错距，为实现浅埋近距离煤层群合理配采提供依据。

3) 数值计算分析开采应力场和位移场的演化规律及耦合控制

基于实测数据分析和物理相似材料模拟实验，采用 UDEC 和 FLAC3D 数值模拟软件，研究浅埋近距离煤层群不同工作面布置方式下开采围岩位移场与应力场协同作用机理，揭示浅埋近距离煤层群开采位移场、裂隙场和应力场的耦合关系，定量分析煤柱群结构效应对安全高效绿色开采的影响，为科学配采、合理接续和减损开采提供科学依据。

4) 理论分析形成浅埋近距离煤层群科学开采顶板控制理论和方法

根据实测分析、物理相似材料模拟实验和数值计算结果，以减缓煤柱应力和减小地表裂缝为目标，建立浅埋近距离煤层群开采工作面布置参数计算模型，提出下部煤层工作面支架支护阻力确定方法和浅埋近距离煤层群科学开采方法，为榆神府矿区浅埋近距离煤层群安全高效开采和生态环境保护提供理论依据。

第2章　浅埋近距离煤层群开采矿压显现和地表裂缝发育规律

陕北侏罗纪煤田大部分矿井顶部煤层即将开采完毕，开始转入下部煤层开采，下部煤层安全高效与减损开采已成为关注的热点。下部煤层工作面来压强度大、来压迅猛，工作面压架、冒顶等强动压灾害制约矿井安全高效生产。本章通过分析榆神府矿区柠条塔煤矿浅埋近距离煤层群单一煤层和叠置区双煤层工作面矿压和岩层移动实测数据，得出浅埋近距离煤层群开采工作面矿压显现和地表裂缝发育规律，为研究下部煤层开采覆岩运动规律、地表减损开采理论和技术提供基础。

2.1　柠条塔煤矿浅埋近距离煤层群开采条件

2.1.1　主采煤层及顶底板情况

1. 主采煤层

柠条塔煤矿主采煤层有三层，分别为 1^{-2} 煤层、2^{-2} 煤层和 3^{-1} 煤层，主采煤层厚度与层间距厚度见表2.1。1^{-2} 煤层平均厚度1.65m，2^{-2} 煤层平均厚度5.54m，3^{-1} 煤层平均厚度2.63m。1^{-2} 煤层与 2^{-2} 煤层间距平均33.3m，2^{-2} 煤层和 3^{-1} 煤层间距平均36.7m，属于浅埋近距离煤层群。

表2.1　主采煤层厚度与层间距厚度

<table>
<tr><th>煤层</th><th>埋深/m</th><th>厚度/m</th><th>平均厚度/m</th><th>层间距(平均层间距)/m</th><th>赋存情况</th></tr>
<tr><td>1^{-2}</td><td>60.2～180.3</td><td>0.83～2.50</td><td>1.65</td><td rowspan="2">14.31～50.59(33.3)</td><td>西薄东厚，煤层厚度变化较小，属薄～中厚煤层，倾角小于1°</td></tr>
<tr><td>2^{-2}</td><td>89.1～262.1</td><td>4.70～9.33</td><td>5.54</td><td>西北薄东南厚，属薄～厚煤层，在NG1-NBK22- NBK12钻孔连线向西北分岔，倾角小于1°</td></tr>
<tr><td>3^{-1}</td><td>129.2～287.5</td><td>1.82～3.14</td><td>2.63</td><td>22.57～37.56(36.7)</td><td>西北薄东南厚，煤层厚度变化较小，属中厚煤层，倾角小于1°</td></tr>
</table>

2. 煤层顶底板

1^{-2}煤层老顶和直接顶主要为粉砂岩、细粒砂岩、中粒砂岩，直接底主要为粉砂岩、细粒砂岩。2^{-2}煤层老顶以粉砂岩、细粒砂岩、中粒砂岩为主，直接顶主要为粉砂岩、细粒砂岩、中厚层砂质泥岩，直接底主要为粉砂岩、中粒砂岩、泥岩。3^{-1}煤层老顶和直接顶主要为粉砂岩、细粒砂岩、中粒砂岩，直接底主要为粉砂岩、细粒砂岩。煤层顶底板情况详见表 2.2。

表 2.2　煤层顶底板情况

煤层	名称	岩石类型	厚度/m	情况描述
1^{-2}	老顶	粉砂岩、细粒砂岩、中粒砂岩	3.43～12.16	分层较厚，整体均质且节理不发育，呈条带状分为北、中、南三部分，面积约占 32%
	直接顶	粉砂岩、细粒砂岩、中粒砂岩	0.00～2.51	较薄，直接顶分布为主，面积约占 60%，北部薄而南部厚，厚度一般 2.0m
	直接底	粉砂岩、细粒砂岩	0.37～4.92	层理发育，局部有薄层炭质泥岩
2^{-2}	老顶	粉砂岩、细粒砂岩、中粒砂岩	10.0～18.63	分层较厚，整体均质且节理不发育，呈条带状分布于北部及中部，面积约占 42%
	直接顶	粉砂岩、细粒砂岩、中厚层砂质泥岩	1.45～2.84	较薄，直接顶分布为主，面积约占 54%，厚度一般 2.0m
	直接底	粉砂岩、中粒砂岩、泥岩	3.96～9.33	层理不发育，局部夹有砂质泥岩
3^{-1}	老顶	粉砂岩、细粒砂岩、中粒砂岩	3.37～11.70	老顶分布为主，主要分布于中部，面积约占 49%
	直接顶	粉砂岩、细粒砂岩、中粒砂岩	0.00～3.45	较薄，面积约占 46%，厚度一般 2.0m
	直接底	粉砂岩、细粒砂岩	2.05～4.40	层理发育，完整性良好

2.1.2　煤层覆岩和表土层

根据北翼东区钻孔柱状图，从北向南取四个剖面，北翼东区钻孔位置及剖面位置如图 2.1 所示。其中，a、b、c、d 依次为东部靠近井田边界剖面、中东部附近剖面、中西部附近剖面和西部靠近大巷剖面。根据地表起伏和三个主采煤层的埋深，得到三个主采煤层底板标高、1^{-2}煤层上覆基岩和表土层分布情况。地表起伏和三个煤层底板标高如图 2.2 所示，顶部 1^{-2}煤层上覆基岩和土层厚度如图 2.3 所示，图中横坐标都以北翼东区北部井田边界为起始点。

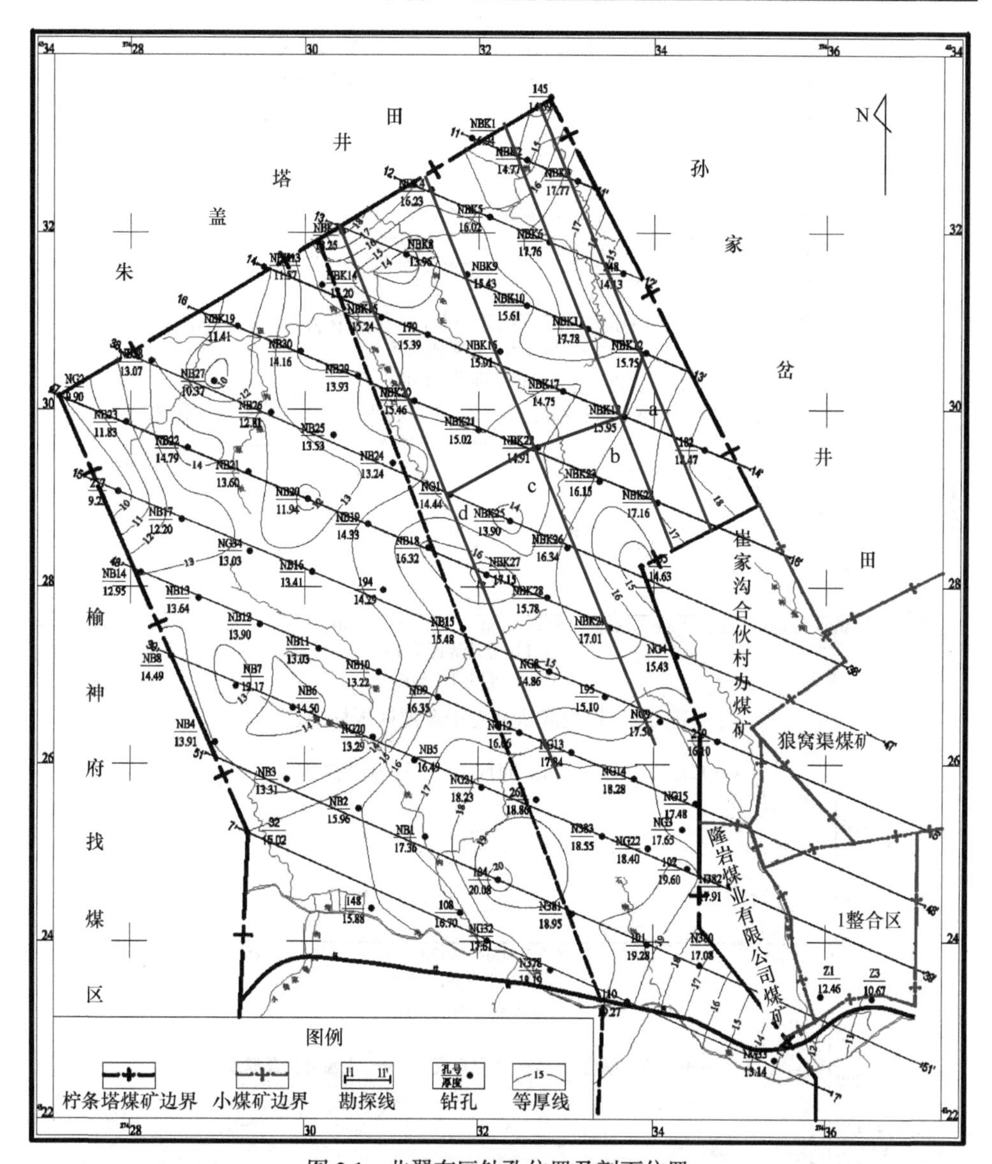

图 2.1　北翼东区钻孔位置及剖面位置

根据剖面图，煤层及其覆岩分布情况如下：

(1) 顶部 1^{-2} 煤层埋深与上覆岩层总厚度变化趋势基本相同。上覆岩层中，基岩厚度和土层厚度变化较大。以钻孔 NBK12-NBK18-NBK22-NG1 连线为分界线，其北部的上覆基岩厚度大于土层厚度，而其南部的上覆基岩厚度小于土层厚度。总体上，顶部 1^{-2} 煤层上覆岩层厚度绝大部分区域大于 100m，仅有小部分厚度在 100m 以下。

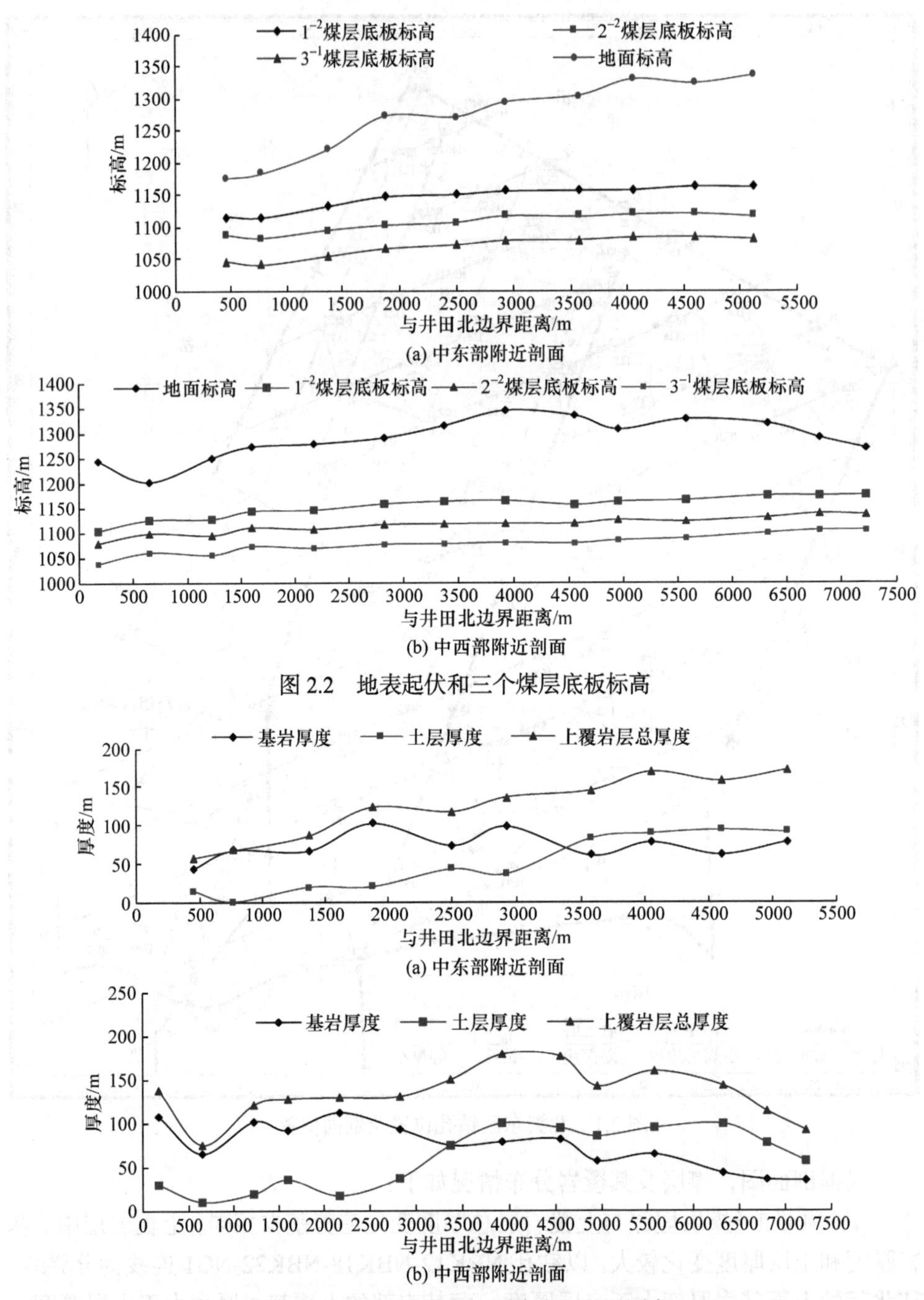

图 2.2 地表起伏和三个煤层底板标高

图 2.3 顶部 1^{-2} 煤层上覆基岩和土层厚度

(2) 1^{-2} 与 2^{-2} 煤层间距平均为 33.3m，2^{-2} 和 3^{-1} 煤层间距平均为 36.7m，间隔岩层间距稳定，且都是近水平煤层。北翼东区中东部煤层埋深从北向南逐渐加大，直到井田边界。北翼东区中西部煤层埋深从北向南逐渐加大又减小，最浅处在最北部 2 号钻孔附近，埋深为 60.21m，最深处在钻孔 NBK25 附近，埋深为 180.26m，而后向南埋深逐渐减小。

(3) 覆岩基载比被钻孔 NBK12-NBK18-NBK22-NG1 连线明确分成两种类型，其北部基载比大于 1.0，南部基载比小于 1.0，覆岩基载比规律如图 2.4 所示。根据浅埋煤层定义可知，覆岩厚度小于 100m 或者基载比小于 1.0 就是典型的浅埋煤层。以钻孔 NBK12-NBK18- NBK22-NG1 连线为分界线，其北部上覆岩层总厚度大部分在 100m 以上，基载比大于 1.0，属于近浅埋煤层；其南部上覆岩层总厚度大部分在 100m 以下，基载比小于 1.0，且煤层间距相对较小，属于典型浅埋煤层。总体上，柠条塔煤矿属于浅埋近距离煤层群开采范畴。

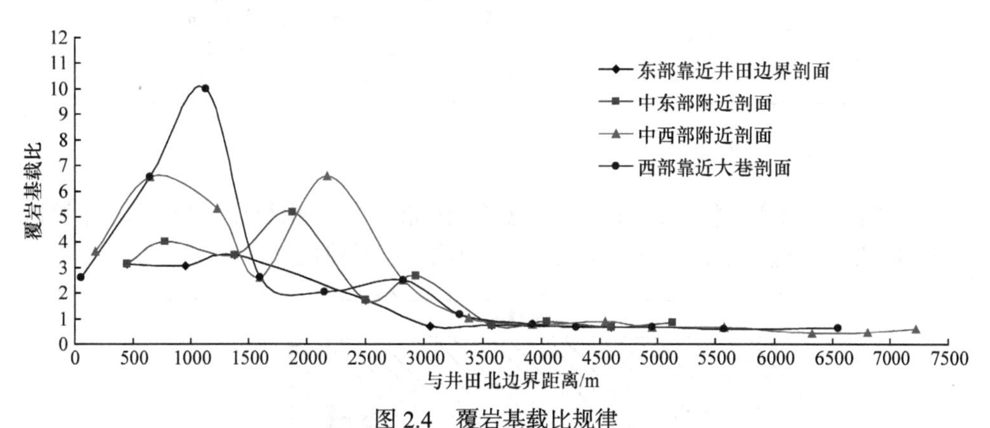

图 2.4　覆岩基载比规律

2.2　单一煤层开采工作面矿压规律

本节通过分析柠条塔煤矿 1^{-2} 煤层 N1106 工作面和 2^{-2} 煤层 N1201 工作面单一煤层开采矿压实测数据，介绍浅埋近距离煤层群单一煤层开采工作面矿压显现规律。

2.2.1　N1106 工作面矿压规律

1. N1106 工作面概况

N1106 工作面为柠条塔煤矿北翼东区首采工作面，开采 1^{-2} 煤层，煤层平均厚度 1.7m，为单一煤层，煤层倾角 1°左右，埋深 53～109m，地表松散层平均厚度 70m，基岩平均厚度 40m，地质构造简单。工作面宽 245m，推进长度 1297.2m，煤层顶底板情况见表 2.3。工作面采用 ZYT10000/23/45D 型掩护式液压支架，液压支架主要技术参数见表 2.4。

表 2.3　N1106 工作面煤层顶底板情况表

名称	岩石名称	厚度/m	岩性描述
老顶	粉砂岩、中粒砂岩	14.30～21.54	灰色粉砂岩，水平层理，含细粒长石砂岩
直接顶	粗粒砂岩	0.00～6.20	灰色，以石英、长石为主，完整性较好
伪顶	炭质泥岩、粉砂岩	0.00～0.35	夹薄煤线及炭质泥岩薄层，完整性中等
直接底	粉砂岩及泥岩	0.55～3.10	层理发育，炭质泥岩薄层，含植物根化石

表 2.4　N1106 工作面掩护式液压支架主要技术参数表

生产厂家	型号	主要技术参数
郑州煤炭工业(集团)有限责任公司	ZYT10000/23/45D	支架中心距 1750mm，顶梁长度 4615mm， 支撑高度 1300～2600mm，移架步距 900mm， 初撑力 6663kN，工作阻力 10000kN 支架宽度 1680～1880mm，泵站压力 31.5MPa

2. 工作面测站布置

根据工作面实际情况，初采阶段观测范围布置为上测区(15～20 架)、中测区(75～80 架)、下测区(125～130 架)，工作面测区布置见图 2.5。

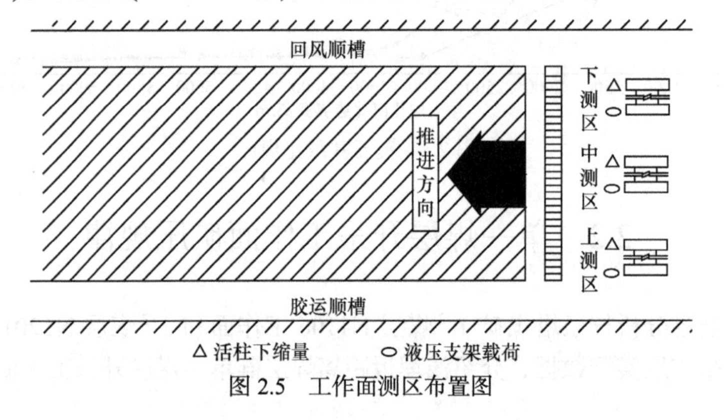

图 2.5　工作面测区布置图

3. 沿走向工作面来压规律

实测 N1106 工作面上、中、下三个测区的来压规律基本一致，中测区来压最明显，下面以工作面中测区为主描述工作面来压规律，来压判据为 30.66MPa。

工作面推进到 29.7m 时，工作面初次来压，支架最大载荷超过 7000kN。当工作面推进到 45.3m 时，第 1 次周期来压，来压步距 15.6m。当 N1106 工作面分别推进到 45.3m、56.5m、65.1m、76.6m、87.1m、96.4m、108.6m 和 119.4m 时，出现了 8 次周期来压，来压步距分别为 15.6m、11.2m、8.6m、11.5m、10.5m、9.3m、12.2m 和 10.8m，平均周期来压步距为 11.2m。N1106 首采工作面中测区周期来压

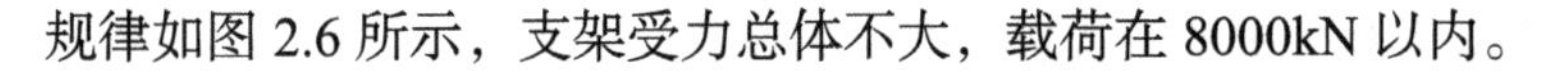
规律如图 2.6 所示，支架受力总体不大，载荷在 8000kN 以内。

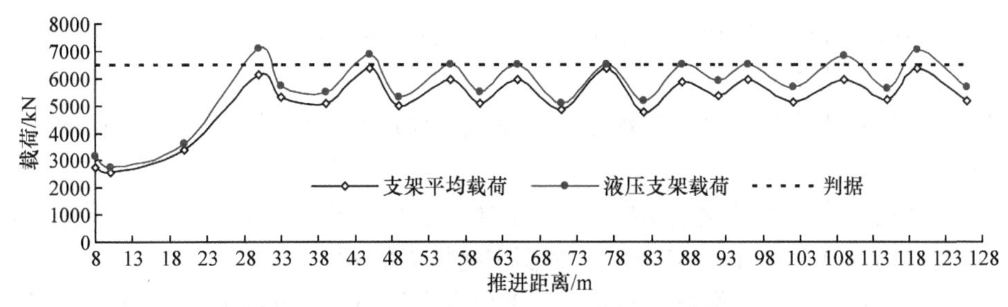

图 2.6　N1106 首采工作面中测区周期来压规律

4. 沿倾向工作面的来压分布特征

N1106 工作面倾向长度 245m，共有 143 台液压支架，载荷沿工作面倾向的矿压分布特征是中部大、两侧小，工作面来压在中部显现较明显。

初次来压前，工作面支架载荷普遍开始上升，多数为 30～35MPa。初次来压时，顶板淋水增多，煤壁片帮严重，支架载荷多数为 30～35MPa，支架载荷升高为 7403kN，煤帮和顶板有炸裂响声，活柱下缩量明显增大。N1106 工作面初次来压时支架载荷分布如图 2.7 所示，非周期来压和周期来压时工作面支架载荷分布如图 2.8 所示。

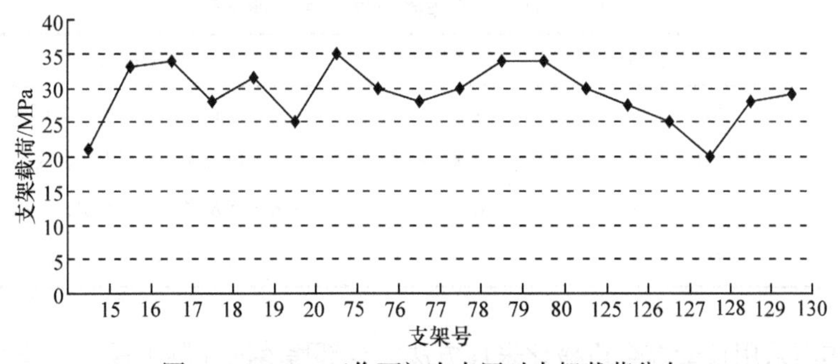

图 2.7　N1106 工作面初次来压时支架载荷分布

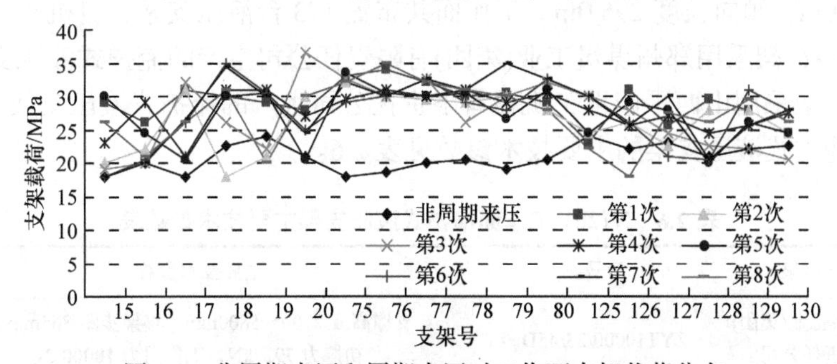

图 2.8　非周期来压和周期来压时工作面支架载荷分布

5. N1106 回采工作面矿压显现基本规律

N1106 工作面平均初次来压步距 29.5m，平均周期来压步距 11.2m。来压期间支架动载系数为 1.5～1.7，平均 1.6。工作面矿压分布特征是中部大、两侧小，中部周期来压较为明显。来压时煤壁片帮量大，顶板断裂声响很大，同时伴随淋水现象。

支架初撑力：支架额定初撑力为 31.5MPa(6663kN)，实测工作面液压支架的平均初撑力为 20.86MPa(4412kN)，为额定初撑力的 66.22%。

支架工作阻力：实测来压期间支架工作阻力为 7968～9542kN。支架工作阻力在 5330kN 以内的约占 21.3%，大于 6663kN 的仅占 7.5%。来压期间绝大部分支架载荷在 8000kN(额定工作阻力的 80%)以内，支架能力比较富裕。

2.2.2 N1201 工作面矿压规律

1. N1201 首采工作面概况

柠条塔煤矿 N1201 工作面位于柠条塔煤矿北翼西区，开采 2^{-2} 煤层，煤层平均厚度 3.9m，为单一稳定可采煤层，煤层埋深 50.0～170.0m，平均 150.0m，地质构造简单，地表松散层平均厚度 70.0m，煤层顶底板情况见表 2.5。

表 2.5 N1201 工作面煤层顶底板情况表

名称	岩石名称	厚度/m	岩性描述
老顶	粉砂岩、中粒砂岩	14.30～21.54	灰色粉砂岩，水平层理，细粒长石砂岩
直接顶	细粒砂岩	0.00～6.20	灰色，以石英、长石为主，完整性中等
伪顶	泥岩、粉砂岩	0.00～0.50	夹薄煤线及炭质泥岩薄层，完整性中等
直接底	粉砂岩、泥岩	0.55～3.10	层理发育，炭质泥岩薄层，含植物根化石

工作面采用长壁综合机械化采煤方法，全部垮落法控制顶板，工作面走向长度 2740.0m，倾向长度 295.0m。工作面共布置 173 台液压支架，自机头向机尾编号第 1～86 架采用郑州煤炭工业(集团)有限责任公司生产的掩护式液压支架，第 87～173 架采用山西平阳重工机械有限责任公司生产的掩护式液压支架。N1201 工作面掩护式液压支架的主要技术参数见表 2.6。

表 2.6 N1201 工作面掩护式液压支架主要技术参数表

生产厂家	型号	主要技术参数
郑州煤炭工业(集团)有限责任公司	ZYT10000/23/45D	支撑高度 2700～5800mm，移架步距 865mm，初撑力 7917kN，工作阻力 10000kN

续表

生产厂家	型号	主要技术参数
山西平阳重工机械有限责任公司	ZY10000/27/58D	支撑高度 2300～4500mm，移架步距 865mm，初撑力 7917kN，工作阻力 10000kN

2. 工作面走向来压规律

根据 N1201 工作面上测区(第 15～19 架)、中测区(第 85～89 架)、下测区(第 156～160 架)的实测数据，上、中、下三个测区的来压判据分别为 34.38MPa、33.97MPa、35.30MPa。工作面支架初撑力 7917kN，额定工作阻力 10000kN。

1) 工作面上测区来压规律

初次来压：当工作面推进到 56.3m 时初次来压，平均载荷 35.6MPa，最大载荷 39.2MPa。活柱下缩量平均 30.7mm，最大 33.8mm。支架安全阀开启，煤壁片帮严重。

周期来压：当工作面推进到 83.2m 时，液压支架载荷出现峰值，煤壁严重片帮，工作面第 1 次周期来压，来压步距 26.9m。当工作面分别推进到 98.3m、115.9m、130.5m、145.5m 时，工作面出现第 2～5 次周期来压，平均来压步距 17.8m。

2) 工作面中测区来压规律

中测区初次来压步距为 55.9m，来压最早。此后，工作面继续推进 25.4m、15.2m、15.4m、16.4m、17.5m 时分别出现周期来压，周期来压步距平均 18.0m，N1201 首采工作面中测区矿压显现规律如图 2.9 所示。

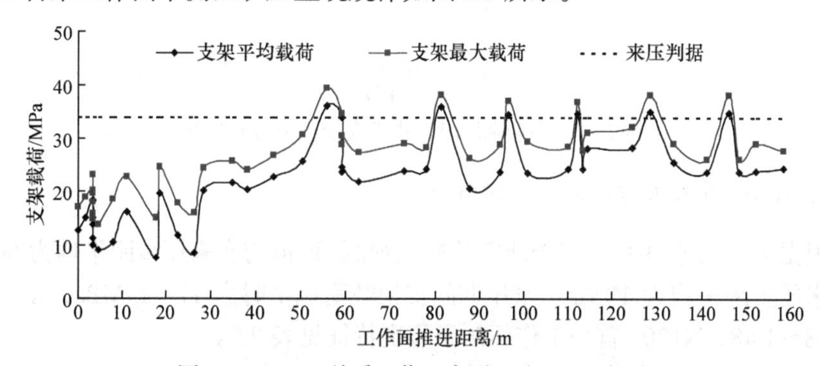

图 2.9　N1201 首采工作面中测区矿压显现规律

3) 工作面下测区来压规律

下测区初次来压步距为 56.1m。工作面继续推进 26.4m、14.1m、15.5m、16.4m、17.6m，分别出现周期来压，平均来压步距 18.0m。

3. 沿倾向工作面的来压分布特征

初次来压：工作面初次来压时，支架载荷多数为 35～40MPa，工作面中、下部载荷较大，来压时基本达到额定工作阻力，初次来压时工作面支架载荷分布规律如图 2.10 所示。

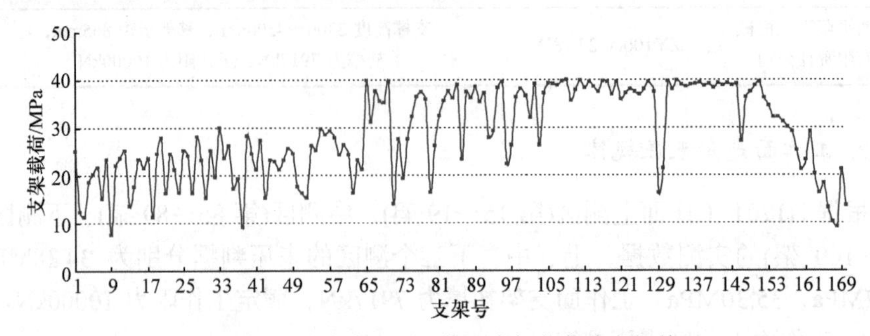

图 2.10　初次来压时工作面支架载荷分布规律

周期来压：周期来压期间支架载荷分布与初次来压基本一致，工作面中下部支架载荷较大，来压时基本达到额定工作阻力，周期来压时工作面支架载荷分布规律如图 2.11 所示。

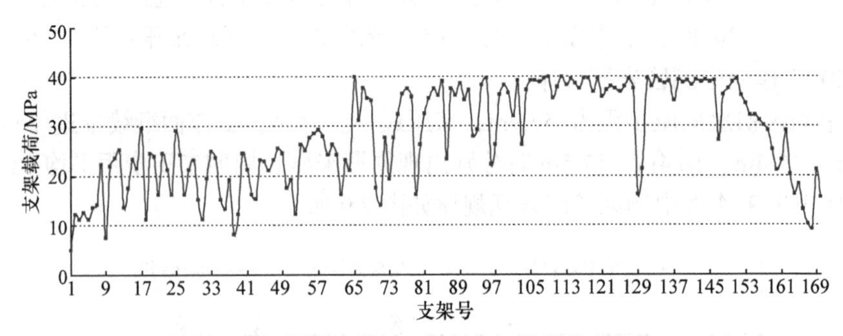

图 2.11　周期来压时工作面支架载荷分布规律

4. N1201 首采工作面来压规律与特征

根据工作面上、中、下三个测区的矿压观测，顶板初次来压步距平均为 56.1m，周期来压步距平均为 17.9m，来压期间支架载荷比平时大 11～13MPa，动载系数为 1.38～1.48，N1201 首采工作面矿压显现特征见表 2.7。

表 2.7　N1201 首采工作面矿压显现特征表　(单位：m)

名称	上测区	中测区	下测区	平均来压步距
初次来压步距	56.3	55.9	56.1	56.1
第一次周期来压步距	26.9	25.4	26.4	26.2
第二次周期来压步距	15.1	15.2	14.1	14.8
第三次周期来压步距	17.6	15.4	15.5	16.2

续表

名称	上测区	中测区	下测区	平均来压步距
第四次周期来压步距	14.6	16.4	16.4	15.8
第五次周期来压步距	15.0	17.5	17.6	16.7
平均周期来压步距	17.8	18.0	18.0	17.9

支架初撑力：支架额定初撑力为 31.5MPa(7917kN)，实测工作面液压支架初撑力平均为 24.0MPa(6032kN)，为额定初撑力的 76.19%。

支架工作阻力：观测期间，支架最小工作阻力为 7968kN，最大工作阻力为 9542kN。平均工作阻力为 8800kN，为额定工作阻力的 88%。工作阻力在 8000kN 以内的约占 70%，大于 8500kN 的仅占 5.3%，说明支架选型较合理。

2.3　双煤层重复开采工作面矿压规律

本节通过分析柠条塔煤矿北翼东区 1^{-2} 煤层采空区下 2^{-2} 煤层 N1206 工作面矿压实测数据，掌握浅埋近距离煤层群双煤层叠置区下部煤层工作面的矿压显现规律。

2.3.1　N1206 工作面空间位置及概况

N1206 综采工作面位于井田北翼 2^{-2} 煤层生产系统以东，工作面上部为 1^{-2} 煤层 N1110、N1112 和 N1114 工作面采空区，N1206 工作面平面布置如图 2.12 所示。

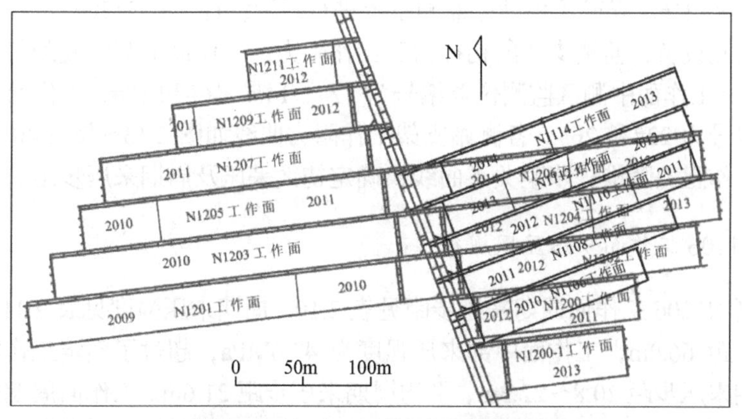

图 2.12　N1206 工作面平面布置图

N1206 工作面开采 2^{-2} 煤层，平均厚度 5.0m，倾角 1°，与 1^{-2} 煤层间距 35m

左右。工作面走向长度2020m，倾向长度295m，煤层普氏系数为1.35～1.80，煤层顶底板情况见表2.8。工作面共布置173台液压支架，161台中部支架，8台端头支架，4台过渡支架，支架主要技术参数见表2.9。

表2.8 N1206工作面煤层顶底板情况表

名称	岩石名称	厚度/m	岩性描述
老顶	粗粒砂岩	不详	细—粗粒砂岩，泥钙质胶结
直接顶	粉砂质泥岩	6.83～8.87	粉砂质煤岩互层
伪顶	粉砂岩	0.48～0.74	薄至中厚层状，易随开采垮落顶板
直接底	泥岩、粉砂岩	3.96～9.33	含植物根茎化石及泥质包裹体

表2.9 N1206工作面支架主要技术参数

生产厂家	型号	主要技术参数
郑州煤炭工业(集团)有限责任公司	ZYT10000/23/45D	支撑高度2700～5800mm，移架步距865mm，初撑力7917kN，工作阻力10000kN
山西平阳重工机械有限责任公司	ZY10000/27/58D	支架中心距1750mm，顶梁长度4375mm，支撑高度2300～4500mm，移架步距865mm，初撑力7917kN，工作阻力10000kN

2.3.2 N1206工作面矿压规律

1. N1206工作面支架阻力实测曲线

采用KJ216A煤矿顶板动态监测系统进行观测统计。在N1206工作面安装29台矿压监测设备，监测支架的初撑力和工作阻力。工作面上测区监测仪器编号为6#和10#，工作面中测区监测仪器编号为12#、14#、16#和18#，工作面下测区监测仪器编号为22#和26#。各测站支架工作阻力曲线如图2.13～图2.20所示。通过支架工作阻力随推进步距关系曲线，确定初次来压及周期来压步距。

2. N1206工作面矿压显现规律

实测N1206工作面周期来压步距见表2.10，周期来压强度见表2.11。顶板初次来压步距66.0m，工作面中部来压强度为47.6MPa，超过了额定工作阻力。工作面周期来压步距20.8～22.3m，平均周期来压步距21.6m。工作面周期来压强度36.7～41.5MPa，平均周期来压强度39.6MPa，支架基本处于满负荷状态，最大工作阻力达到了10375kN。

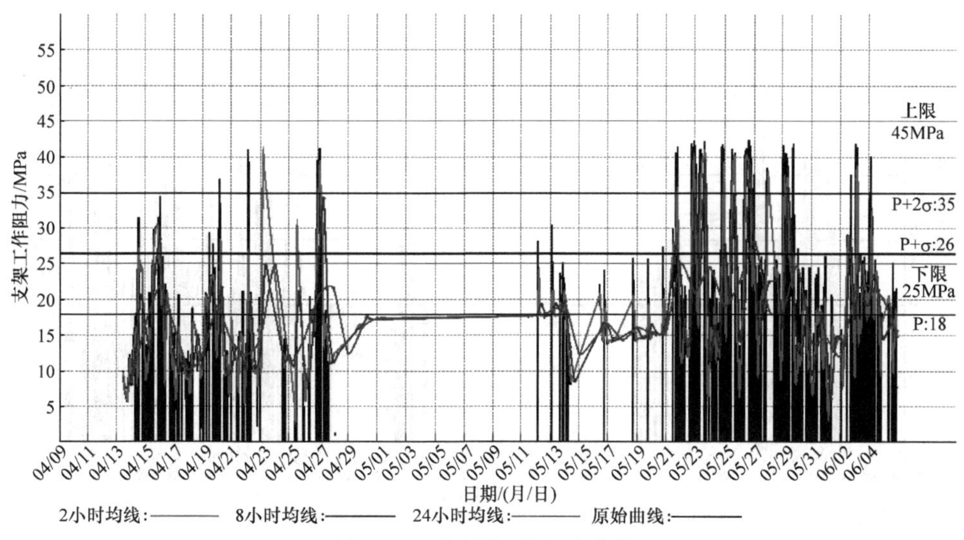

图 2.13　6#监测工作阻力曲线

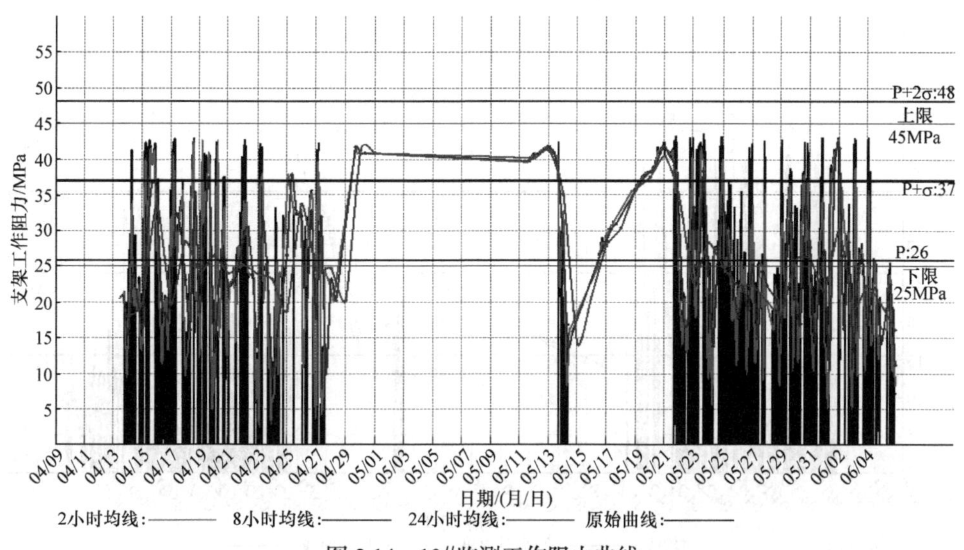

图 2.14　10#监测工作阻力曲线

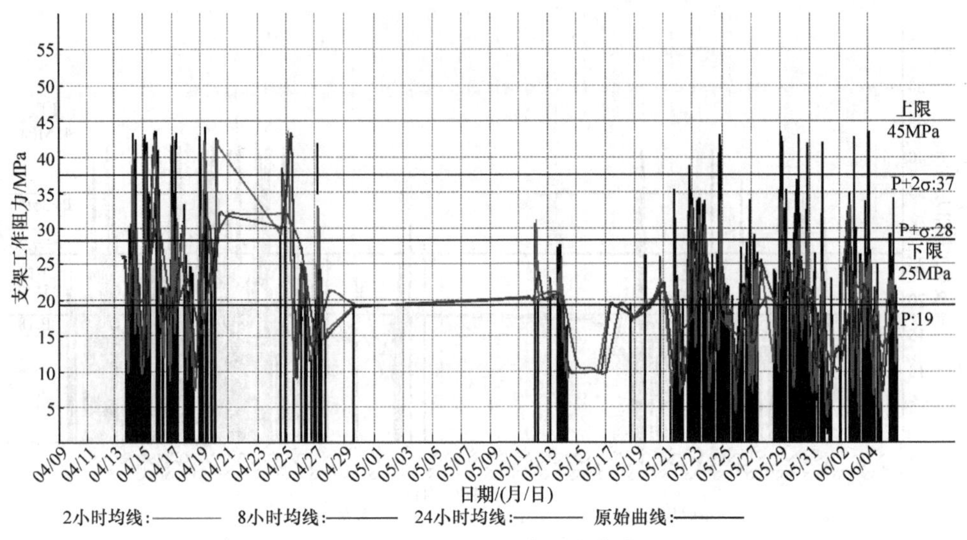

图 2.15 12#监测工作阻力曲线

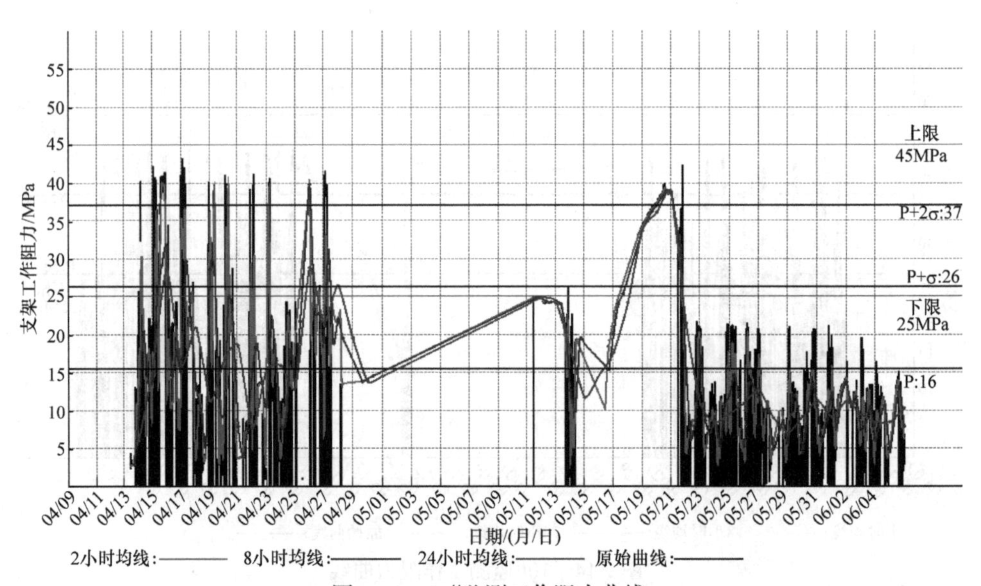

图 2.16 14#监测工作阻力曲线

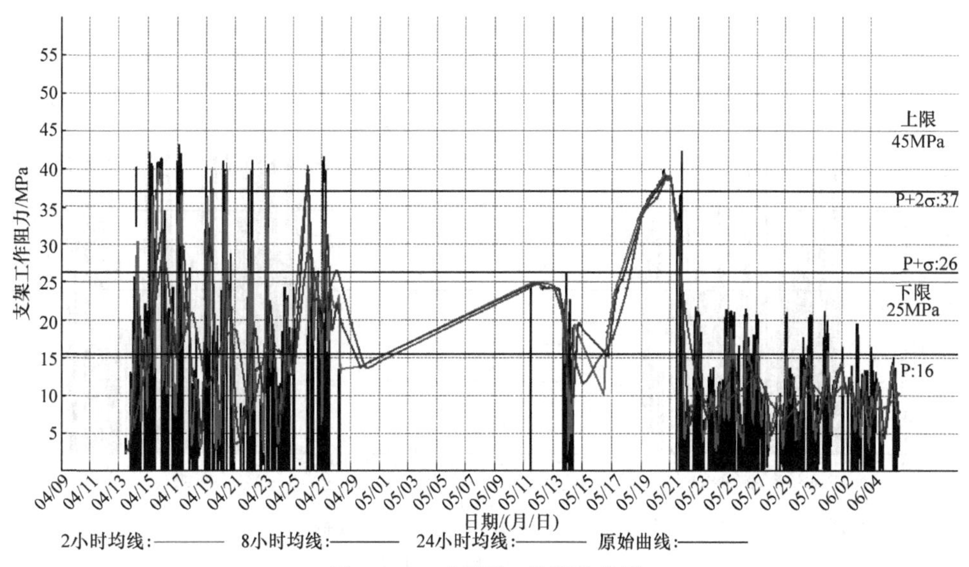

图 2.17　16#监测工作阻力曲线

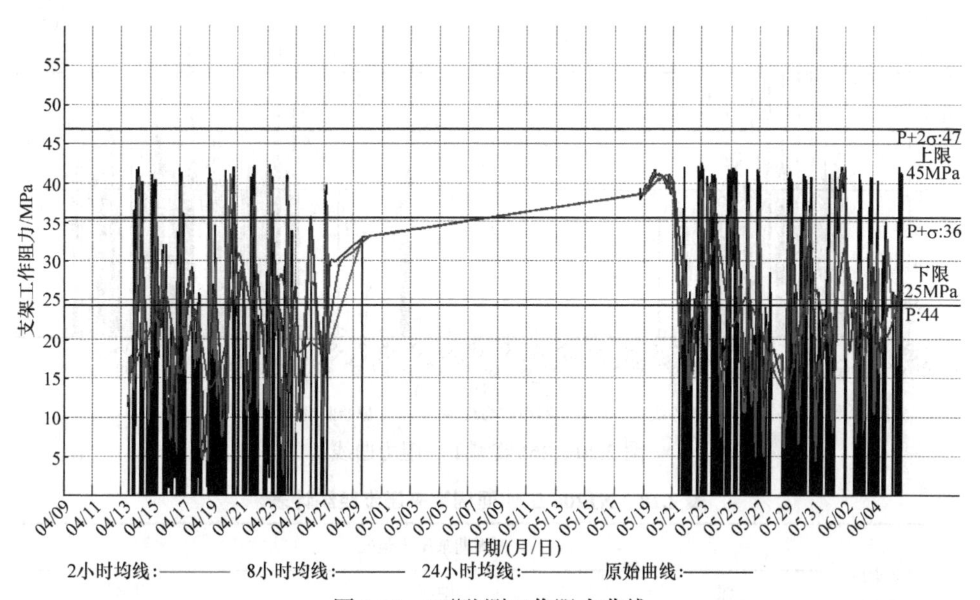

图 2.18　18#监测工作阻力曲线

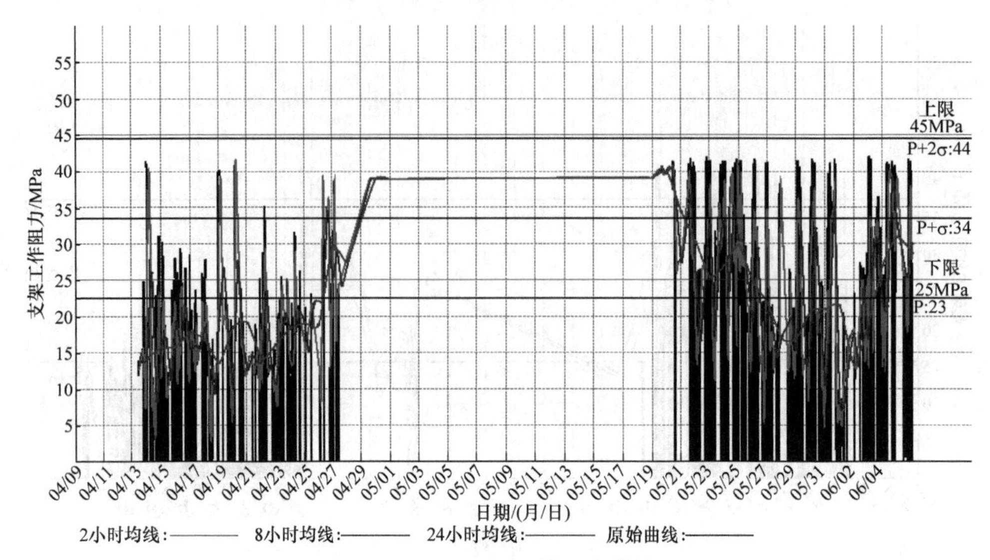

图 2.19 22#监测工作阻力曲线

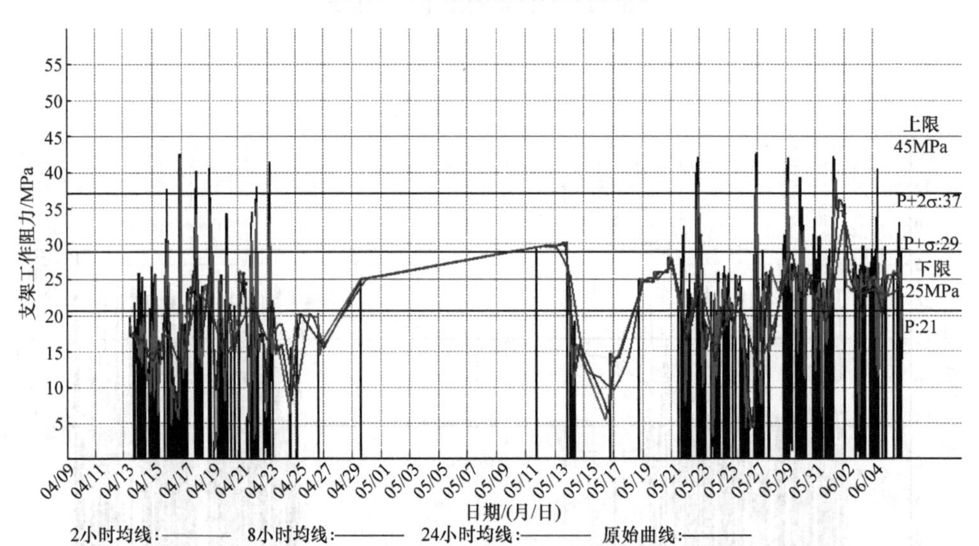

图 2.20 26#监测工作阻力曲线

表 2.10 N1206 工作面周期来压步距统计表

周期来压次数	周期来压步距/m							
	上部		中部				下部	
	6#架	10#架	12#架	14#架	16#架	18#架	22#架	26#架
1	34.8	34.8	23.2	23.2	46.4	11.6	11.6	23.2
2	23.2	23.2	23.2	23.2	23.2	23.2	23.2	21.3
3	23.2	23.2	23.2	23.2	11.6	34.8	34.8	35.1

续表

周期来压次数	周期来压步距/m							
	上部		中部				下部	
	6#架	10#架	12#架	14#架	16#架	18#架	22#架	26#架
4	11.6	11.6	23.3	11.6	23.4	11.6	11.6	12.5
5	35.1	23.4	11.7	23.4	23.4	23.4	23.4	27.1
6	11.7	11.7	11.7	23.4	20.8	23.4	11.7	11.2
7	0.0	32.5	32.5	20.8	18.1	0.0	32.5	26.4
8	20.8	27.2	18.1	18.1	18.1	20.8	27.1	24.2
分区均值	21.8		20.8				22.3	
平均步距	21.6							

表 2.11　N1206 工作面周期来压强度统计表

周期来压次数	周期来压强度/MPa							
	上部		中部				下部	
	6#架	10#架	12#架	14#架	16#架	18#架	22#架	26#架
1	34.5	42.8	43.7	42.3	20.1	41.1	41.4	42.6
2	37.5	43.0	44.2	43.2	20.2	41.3	41.0	40.3
3	41.5	42.3	43.2	41.0	20.1	42.0	38.9	41.5
4	41.5	42.5	30.8	41.7	19.8	42.3	41.2	30.3
5	42.5	42.8	43.1	42.4	16.9	41.7	41.8	42.2
6	41.7	42.8	43.6	—	19.8	42.6	41.4	42.6
7	41.9	43.1	43.5	—	—	41.5	—	42.0
8	—	—	—	—	—	42.0	—	42.3
分区均值	41.5		36.7				40.7	
平均强度	39.6							

2.4　单一煤层开采地表裂缝发育规律

柠条塔煤矿南翼地表为风沙滩地，地势平坦，起伏较小。北翼地表为黄土沟壑区，煤层埋藏浅，松散层厚，地表变形受开采条件和地形地貌条件的双重影响，地表裂缝发育较为复杂。为了搞清不同煤层开采的地表裂缝发育规律，结合柠条塔煤矿上下煤层工作面位置关系，分别实测研究 1^{-2}、2^{-2} 两个煤层开采的地表裂缝发育规律[89]。

本节以柠条塔北翼一盘区黄土沟壑区 1^{-2} 煤层 N1114 工作面、2^{-2} 煤层 N1201 和 N1206 工作面、南翼风沙滩区 2^{-2} 煤层 S1207 工作面实测结果，阐述 1^{-2}、2^{-2} 煤层单一煤层开采地表裂缝发育基本规律和特征。工作面开采方式为综合机械化开采，全部垮落法管理顶板。

2.4.1　黄土沟壑区 1^{-2} 煤层开采地表裂缝发育规律

1. N1114 工作面概况

N1114 工作面位于柠条塔煤矿北翼东区，开采 1^{-2} 煤层。工作面地表为黄土梁峁沟壑区，冲沟发育，地形破碎。1^{-2} 煤层总体近于水平，平均厚 1.70m，煤层结构简单。煤层顶板为粉砂岩或细砂岩，厚度 3.43～12.16m；底板为粉砂岩、泥岩、粉砂质泥岩，厚度 0.34～16.48m。该工作面倾向长度 245.0m，走向长度 1922.0m，煤层埋藏深度 64.0～156.0m，其中基岩厚度 54.0～66.0m，土层厚度 10.0～90.0m。

该工作面直接顶初次垮落步距为 12.0m，老顶初次来压步距 22.0m，老顶周期来压步距 10.1～28.3m，平均 19.2m，工作面来压缓和。

2. 地表裂缝发育特征

实测开采 1^{-2} 煤层 N1114 工作面自切眼推进 450.0m 的地表裂缝分布，如图 2.21 所示。地表裂缝大体分为三类：第一类为开切眼位置外围出现的边界裂缝，呈台阶状、弧线形分布，简称切眼裂缝；第二类为平行于工作面煤壁周期性出现的动态裂缝，简称平行裂缝；第三类为平行于区段煤柱的边界裂缝，简称区段煤柱裂缝。

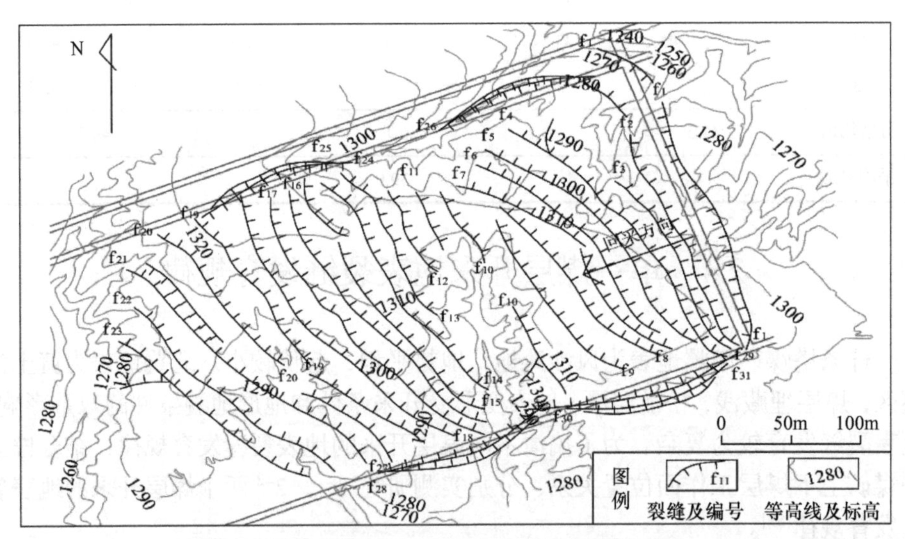

图 2.21　N1114 工作面地表裂缝分布示意图[90](单位：m)

(1) 切眼裂缝：开切眼位置外围出现的裂缝，呈台阶状、弧线形分布，裂缝长度稍大于工作面宽度。裂缝中部宽度和落差最大，向两侧逐渐减小。裂缝最大宽度 0.3m，最大落差 0.4m。裂缝距离切眼最远距离为 22.0m。

(2) 平行裂缝：分布于工作面采空区范围内，大致平行于工作面煤壁，随工作面推进周期性出现，在工作面后方下沉盆地内减小或闭合。裂缝长度一般与工作面宽度相当，在工作面中部位置宽度和落差最大，最大宽度为 0.2～0.3m，最大落差为 0.2～0.3m，相邻两条平行裂缝间距 8.0～10.0m。在相对于回采方向上坡地形，裂缝倾向与坡向一致；在相对于回采方向下坡地形，裂缝倾向与坡向相反；塌陷槽宽度 0.3～0.5m。

(3) 区段煤柱裂缝：沿工作面两侧区段煤柱各发育多条并列裂缝，呈台阶状，靠工作面内侧裂缝落差较大，最大落差为 0.3m，最大宽度为 0.3m，裂缝位置距开采边界区最大水平距离 12.0m，其外围发育有 1～2 条 0.01m 小裂缝。

(4) 裂缝动态发育特征：地表裂缝发育滞后于煤层开采位置，边界裂缝宽度和落差由小变大后稳定。裂缝滞后煤壁 13.0～25.0m，裂缝间距 6.0～15.0m。上坡面裂缝宽度每天增加 0.5cm，下坡面裂缝落差每天增加 0.1m，沟谷边缘裂缝落差每天增加 0.3m。

2.4.2　黄土沟壑区 2^{-2} 煤层开采地表裂缝发育规律

1. N1206 工作面概况

N1206 工作面南为 N1204 工作面采空区，倾向长度 300m，走向长度 2173m。地表为黄土梁峁沟壑区，冲沟发育，梁峁地形居多。2^{-2} 煤层埋深 83.0～205.0m，土层厚度 10.0～100.0m，基岩厚度 73.0～100.0m，其厚度变化与土层厚度变化大体相当。2^{-2} 煤层近水平，平均厚度 5.46m。伪顶为粉砂岩，厚 0.48～0.74m；直接顶为粉砂质泥岩，厚 6.83～8.87m。N1206 工作面采高 6.0m。直接顶初次垮落步距平均为 16.8m，老顶初次来压步距 66.0m，周期来压步距 20.8～22.3m，平均 21.6m，工作面来压缓和。

2. 地表裂缝发育特征

实测 N1206 工作面地表裂缝分布如图 2.22 所示。地表裂缝主要分为切眼(边界)裂缝、随工作面推进周期性出现的平行裂缝、区段煤柱(边界)裂缝。

(1) 切眼裂缝：呈台阶状，裂缝中心位置宽度和落差最大，向工作面两侧逐渐减小，长度稍大于工作面宽度，裂缝宽度最大 0.8m，落差最大 1.2m。裂缝与切眼最远距离为 18.0m。调查时裂缝大段已被填埋。切眼裂缝 f_1 和工作面内的裂缝 f_2 相距 17.0m，在老顶初次来压步距范围(12.5～25.0m)之内。

(2) 平行裂缝：裂缝呈台阶状平行分布，裂缝长度一般与工作面宽度相当，

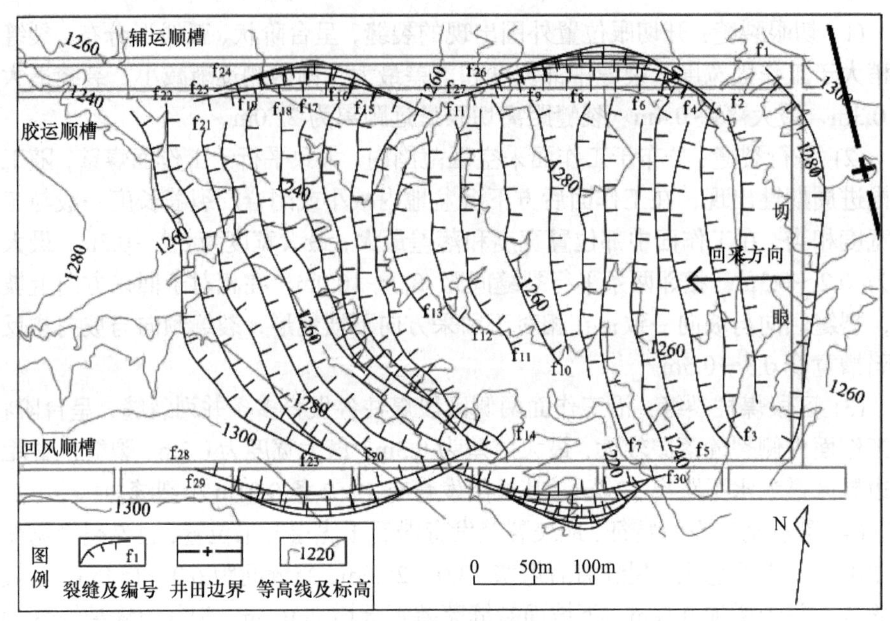

图 2.22　N1206 工作面地表裂缝分布示意图(单位：m)

裂缝在工作面中央位置宽度和落差最大，至工作面边界处宽度和落差逐渐减小或消失。裂缝最大落差 1.0m，最大宽度 0.5m，裂缝间距 8.0～12.0m。在向上坡地形推进时，裂缝为正台阶；向下坡地形推进时，裂缝为负台阶。在下坡坡面上分布有塌陷槽，塌陷槽宽 0.6～0.8m。峁顶裂缝形成宽度 3.5m 的塌陷槽。工作面停采线外 20.0m 出现较大边界裂缝，台阶落差 1.5m，宽度 0.5m，在其外围有 5 条裂缝发育，间距 4.0～6.0m，宽度和落差逐渐减小。

(3) 区段煤柱裂缝：沿工作面两侧区段煤柱各发育多条并列裂缝，呈台阶状，台阶倾向工作面，靠近工作面内侧的裂缝落差最大为 1.5m，宽度最大为 1.0m，距采空区边界最大距离 14.0m。在其外侧有 4～5 条裂缝发育，落差和宽度向外由 0.3m 逐渐减小。

(4) 地表裂缝发育特征。

随着 N1206 工作面开采，地表裂缝宽度和落差由小变大。推进到下坡地形时，地表裂缝超前 30.0m 发育，其他地形超前大于 30.0m。

工作面回采至 1170.0m 时的平缓地形和 1570.0m 时的上坡地形验证了这一规律，裂缝超前发育距离大于 30.0m。

2.4.3　风沙滩区 2^{-2} 煤层开采地表裂缝发育规律

1. S1207 工作面概况

S1207 综采工作面地表位于考考乌素沟以南肯铁岭河西岸，地面为风积沙地貌，地势较平坦。井下位于井田南翼 2^{-2} 煤层生产系统以北，为南翼盘区西大巷以北第四个工作面。工作面东侧为实体煤，西侧为 S1205 准备工作面，南侧为 2^{-2} 煤层回风大巷，北侧为边不拉煤矿。该工作面走向长度 1823.0m，宽度 295.0m。开采 2^{-2} 煤层，煤层厚度 4.8～6.8m，平均厚度 5.9m，煤层近水平，埋藏深度 85.0～120.0m，工作面煤层赋存稳定。顶板基岩厚 30.48～35.86m。

S1207 综采工作面采高 5.4m。该工作面直接顶垮落步距为 7.3～9.8m，平均 9.3m；来压强度为 14.7～28.5MPa，平均 18.2MPa。工作面老顶初次来压步距平均 64.8m；初次来压强度为 23.2～43.3MPa，平均 27.3MPa；周期来压步距 8.9～18.9m，平均 14.8m；周期来压强度 17.2～42.5MPa，平均 31.7MPa。

2. 地表裂缝发育特征

S1207 工作面地表裂缝发育明显，发育范围覆盖整个工作面。裂缝填图选择切眼外围至工作面 300m 内宽度范围作为裂缝观测区，得到 S1207 工作面裂缝分布如图 2.23 所示。地表裂缝分为三类：切眼(边界)裂缝、平行裂缝、区段煤柱(边界)裂缝。

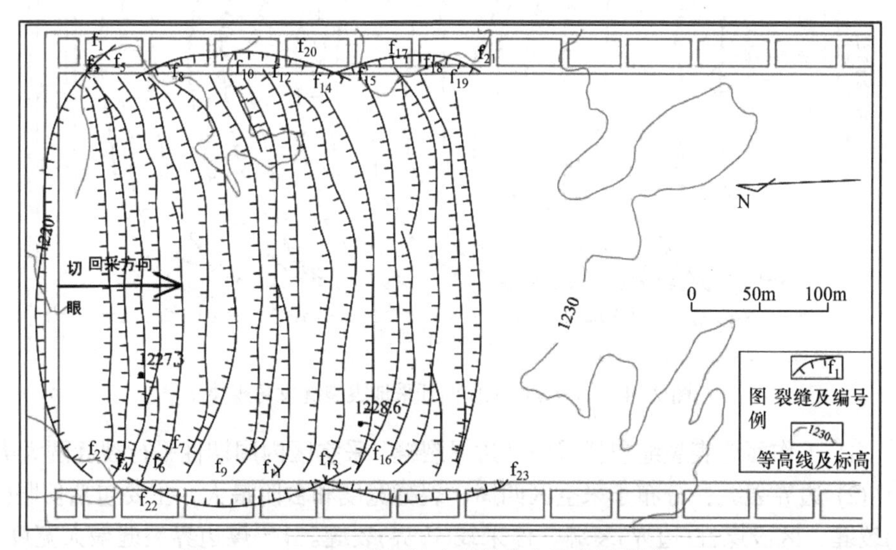

图 2.23　S1207 工作面地表裂缝分布示意图(单位：m)

(1) 切眼裂缝：裂缝分布在工作面外，距离切眼最大距离 19.0m，落差最大为 0.7m，宽 0.2m，台阶型裂缝。边界裂缝 f_1 和工作面内的第一条裂缝之间形成塌陷盆地，两条裂缝间距最大 50.0m。

(2) 平行裂缝：工作面内周期性出现的平行裂缝间距 9.0～15.0m，裂缝宽度和落差大多在 0.2m 以下，间或有塌陷槽分布，较多裂缝被沙土弥合。裂缝长度变化较大，多数裂缝长度与工作面倾向长度相当，裂缝基本呈平行分布，至工作面边界处宽度和落差逐渐减小或消失，或与平行顺槽裂缝相交后消失，或被沙土掩盖。

(3) 区段煤柱裂缝：沿工作面两侧区段煤柱位置各发育多条并列裂缝，呈台阶状，台阶倾向工作面，裂缝下错落差最大为 0.3m，宽度最大为 0.2m，距工作面开采边界最大距离 10.0m。

2.4.4 单一煤层开采地表裂缝发育一般规律

1. 黄土沟壑区单一煤层开采地表裂缝发育规律

根据北翼 6 个工作面的地表裂缝实测结果，黄土沟壑区地表裂缝发育规律如图 2.24 所示。

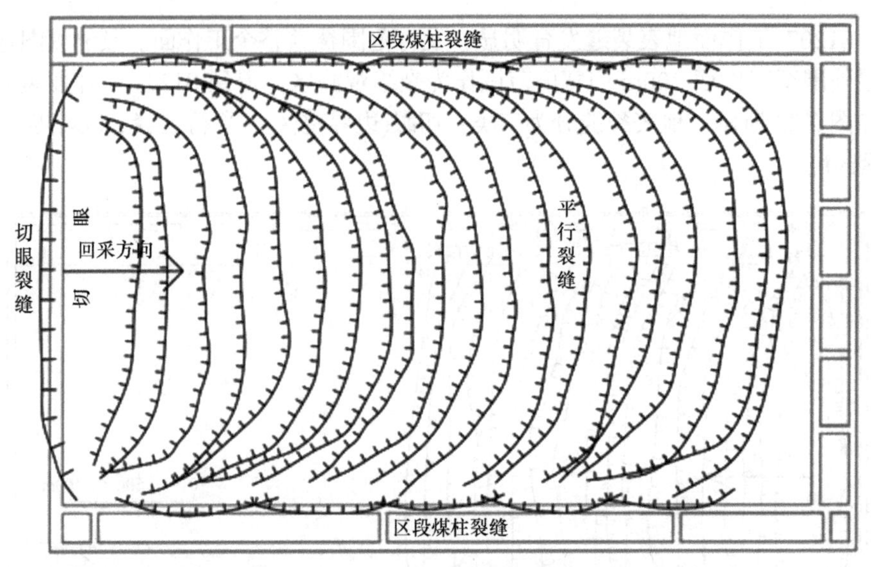

图 2.24 单一煤层工作面开采地表裂缝发育规律

(1) 工作面地表裂缝包括采空区边界裂缝、采空区内周期性平行裂缝两大类。

(2) 边界裂缝：分布于采空区四周，裂缝宽度和台阶最大，主要包括切眼(边界)裂缝、区段煤柱(边界)裂缝、停采线(边界)裂缝。1^{-2} 煤边界裂缝最大宽度为 0.3m，最大落差为 0.4m；2^{-2} 煤边界裂缝最大宽度为 1.0m，最大落差为 1.5m。

(3) 平行裂缝：分布于工作面内，裂缝平行排列，工作面中部裂缝宽度和落差最大，至工作面边界逐渐减小，间距变短或相交后消失。

(4) 地表裂缝主要为台阶状裂缝，部分区域有塌陷槽，停采线外侧发育有拉伸型裂缝。地表裂缝宽度和落差随采高增大而增大。

(5) 地表裂缝动态发育特征：随着工作面回采，地表裂缝呈现动态变化规律。

边界裂缝宽度、落差呈现由小变大而后稳定的规律，平行裂缝呈现先增大后减小的变化规律，有的裂缝逐渐减小甚至闭合。2^{-2}煤层地表超前裂缝的超前距离约为30.0m，1^{-2}煤层地表裂缝超前距离约为 10.0m。裂缝宽度、落差在开采后 1～2 天变化达到最大，后期闭合较慢。

(6) 地形影响：上坡开采形成正台阶型裂缝，下坡开采形成负台阶型裂缝。下坡开采产生的裂缝明显大于上坡开采。地表裂缝与坡体沟壑的展布有关，一般坡体上的裂缝较集中，沟谷处的裂缝较少。2^{-2}煤下坡开采时坡顶、坡体中部更易产生较大的张开型裂缝，或形成塌陷槽；1^{-2}煤下坡开采时坡面中部易产生较大的张开型裂缝，或形成塌陷槽。

2. 风沙滩地区地表裂缝发育规律

结合南翼 S1207 和 S1210 工作面地表裂缝实测资料，南翼风沙滩地区地表裂缝发育具有以下规律(基本规律和北翼黄土沟壑区基本一致)。

(1) 风沙滩地区工作面地表裂缝以台阶型居多，裂缝发育范围大于整个工作面，但范围变小。工作面内裂缝较少，且形态较为模糊，多被沙土自然弥合，分布不明显。

(2) 边界裂缝宽度和台阶落差最大，最大裂缝为工作面切眼裂缝，最大宽度为1.0m，最大落差为 1.5m。切眼边界裂缝和工作面内第一条正台阶型裂缝之间形成塌陷盆地。

(3) 平行裂缝：工作面采空区内裂缝基本呈平行排列的正台阶型，最大落差为1.0m。裂缝长度与工作面宽度一致。同一条裂缝在工作面中部宽度和落差最大，至工作面边界逐渐减小，并最终在边界处发育为拉伸型裂缝。相邻的平行裂缝在靠近工作面顺槽上方间距变短或相交，或与边界裂缝相交后消失。

2.5　双煤层叠置区重复开采地表裂缝发育规律

本节通过分析柠条塔煤矿北翼N1206和N1112工作面叠置区、N1206和N1114工作面叠置区开采后地表裂缝实测数据，掌握双煤层开采地表裂缝发育规律。

2.5.1　N1206 和 N1112 工作面叠置区

N1206 和 N1114 工作面概况见 2.4 节。N1112 工作面地表为黄土梁峁沟壑区，开采 1^{-2}煤层，煤层近水平，平均厚度 1.8m。伪顶为泥岩，厚 0～0.39m；直接顶为粉砂岩、粉砂质泥岩、细砂岩互层，厚 0～1.51m；老顶为细砂岩，厚 3.43～12.16m；底板为粉砂岩或泥岩。工作面宽度 245.0m，走向长度 1922.0m，埋深 50.0～150.0m，基岩厚度 48.0～60.0m，土层厚度 10.0～100.0m。

N1206 和 N1112 工作面叠置区地表裂缝分布如图 2.25 所示，两个煤层开采的裂缝宽度和落差大于单一煤层开采，最大宽度 2.5m，最大落差 2.0m。

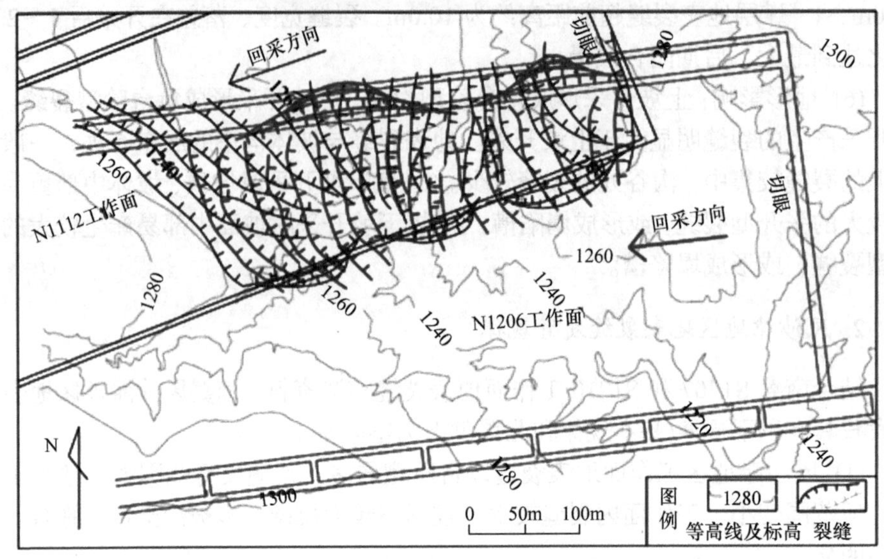

图 2.25　N1206 和 N1112 工作面叠置区地表裂缝分布示意图

地表裂缝上部 N1206 工作面边界发育的 4～5 条区段煤柱裂缝和下部 N1112 工作面内的平行裂缝相交，N1112 工作面边界发育的 2～3 条区段煤柱裂缝和 N1206 工作面内的平行裂缝相交，将地面切割成网格状。有 3 条塌陷槽分布，宽度 1～2.0m，落差 0.4～1.0m。地面破碎比单一煤层更严重。

2.5.2　N1206 和 N1114 工作面叠置区

N1206 和 N1114 工作面叠置区地表裂缝分布如图 2.26 所示。两个工作面裂缝

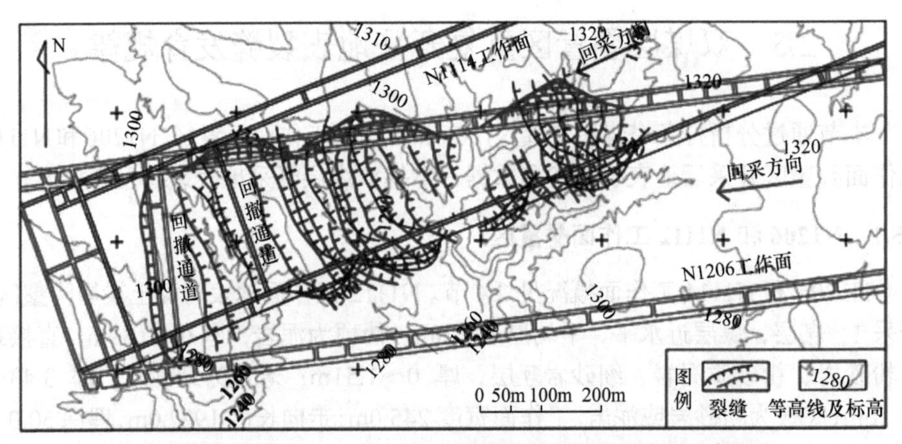

图 2.26　N1206 和 N1114 工作面叠置区地表裂缝分布示意图

的宽度和落差大于单一煤层开采。N1206 工作面上边界发育的 4～5 条区段煤柱裂缝和 N1114 工作面内的平行裂缝相交，N1114 工作面下边界发育的 2～3 条区段煤柱裂缝和 N1206 工作面内的平行裂缝相交，将地面切割成网格状。下坡坡面有 2 条塌陷槽，宽度 1.0～2.0m，落差 0.5～2.0m。

相对于 N1206 工作面单一煤层开采，叠置区地表裂缝的宽度、落差、长度明显增加。由于 N1206 工作面的开采影响，叠置区 N1114 工作面的区段煤柱裂缝宽度增大 0.1m，为 0.4m，落差增大 0.3m，为 0.6m。叠置区 N1206 工作面的区段煤柱裂缝最大宽度 2.5m(N1206 工作面单层开采时为 1.5m)，最大落差 2.1m(N1206 工作面单层开采时为 1.0m)。工作面内平行裂缝最大宽度 0.4m，最大落差 0.6m。

裂缝的宽度、落差和长度大于单一煤层开采相同地形的规模，在沟谷边缘，出现较多黄土崩塌、崩滑现象。

2.5.3　双煤层开采叠置区地表裂缝发育规律

通过对 N1206 和 N1112 工作面叠置区、N1206 和 N1114 工作面叠置区的地表裂缝分布进行实测，得到叠置区裂缝发育特征。

(1) 由于上下工作面斜交叠置，上下工作面的平行裂缝和边界裂缝(区段煤柱裂缝)相互交错，将地面切割成网格状形态，地表更加破碎。

(2) 2^{-2} 煤层开采时，1^{-2} 煤层形成的地表裂缝会再次发育。叠置开采的裂缝长度、宽度、落差大于单一煤层开采产生的裂缝。

(3) 塌陷槽的数量增加，宽度和落差增大。重复开采下裂缝多次发育，1^{-2} 煤层和 2^{-2} 煤层的裂缝相互组合形成塌陷槽，重复开采时下坡坡中位置塌陷槽数量增加。

根据实测结果，N1206 工作面和 N1114 工作面单一煤层开采和双煤层叠置区重复开采地表裂缝发育程度见表 2.12，分析可得规律如下。

表 2.12　单一煤层开采和双煤层开采地表裂缝发育特征统计

开采类型		平均采高/m	每米采高裂缝宽度/m	每米采高裂缝落差/m	裂缝最大宽度/m	裂缝最大落差/m
单一煤层开采	N1114 工作面	1.7	0.176	0.176	0.3	0.3
	N1206 工作面	5.0	0.300	0.200	1.5	1.0
	合计	6.7	0.268	0.194	1.8	1.3
双煤层叠置区开采	叠置区	6.7	0.373(39%)	0.313(61%)	2.5(39%)	2.1(62%)
	N1206 工作面	5.0	0.440(47%)	0.380(90%)	2.2(47%)	1.9(90%)

注：括号中数据为增加率。

(1) 单一煤层开采地表最大裂缝和落差出现在区段煤柱影响区域和工作面边

界位置，采高越大，地表裂缝宽度和落差越大，采高每增加 1m，地表裂缝最大宽度增加 0.36m，最大落差增大 0.21m。

(2) 双煤层叠置区重复开采过程中，工作面边界(切眼)裂缝变化不大，地表裂缝变化较大的地方在上下煤层区段煤柱叠置区域。

(3) 叠置区域上、下煤层累加开采高度平均 6.7m，地表裂缝宽度 0.4～2.5m，裂缝落差 0.6～2.1m。区段煤柱叠置区域地表非均匀下沉明显，地表裂缝最大宽度和落差均大于单一煤层开采，但增加幅度有所差异。

叠置区重复开采条件下，每米采高裂缝宽度 0.373m，较上、下煤层单一煤层开采之和(0.268m)增加了 39%；每米采高裂缝落差 0.313m，较上、下煤层单一煤层开采之和(0.194m)增加了 61%。下煤层重复开采每米采高裂缝最大宽度 0.440m，较下煤层单一煤层开采的 0.300m 增加了 47%；每米采高裂缝最大落差 0.380m，较下煤层单一煤层开采的 0.200m 增加了 90%。

2.6 本章小结

实测柠条塔煤矿北翼单一煤层和双煤层工作面矿压显现和地表裂缝，得出如下规律。

(1) 单一煤层开采矿压规律：1^{-2} 煤层工作面初次来压步距 29.5m，周期来压步距 11.2m，来压强度最大 35MPa。2^{-2} 煤层工作面初次来压步距 56.1m，周期来压步距 18.0m，来压强度最大 40MPa。

(2) 双煤层开采矿压规律：受上煤层开采影响，工作面初次来压步距 66.0m，周期来压步距 21.6m。双煤层开采的初次来压步距和周期来压步距分别比单一煤层开采增加 18%和 20%。初次来压强度为 47.6MPa，增加 19%；周期来压强度基本不变。

(3) 单一煤层开采地表裂缝发育规律：浅埋近距离煤层群单一煤层开采后，地表裂缝大量发育，裂缝类型主要有三种类型，分别为切眼裂缝、平行裂缝和区段煤柱裂缝。裂缝宽度 0.2～0.3m，落差大部分为 0.3m。裂缝形态基本呈台阶状、弧线形分布。其中，切眼裂缝为永久裂缝，平行裂缝为动态裂缝，随工作面推进周期性地出现、闭合或减小。

(4) 双煤层叠置区重复开采地表裂缝发育规律：双煤层叠置区开采后，地表裂缝类型与单一煤层开采类似，也呈现三种类型。受上下煤层工作面叠置关系和重复开采影响，双煤层地表裂缝宽度和落差均大于单一煤层开采，裂缝宽度增大为 0.4～2.5m，裂缝落差增大为 0.6～2.1m，局部形成明显的塌陷槽。原有裂缝会再次发育，并与重复开采形成的新裂缝相互交错，使地面裂缝呈网格状分布。

(5) 重复开采条件下，每米采高裂缝宽度较上、下煤层单一煤层开采之和增加了39%；每米采高裂缝落差较上、下煤层单一煤层开采之和增加了61%。下煤层重复开采每米采高裂缝最大宽度较下煤层单一煤层开采增加了47%；每米采高裂缝最大落差较下煤层单一煤层开采增加了90%。

第3章　浅埋近距离煤层群开采覆岩垮落与地表移动规律

本章以柠条塔煤矿北翼东区 1^{-2} 煤层 N1114 工作面和 2^{-2} 煤层 N1206 工作面开采条件为背景，采用物理相似材料模拟研究单一煤层开采(1^{-2} 煤层)、双层煤开采(1^{-2} 煤层和 2^{-2} 煤层)、三层煤开采(1^{-2} 煤层、2^{-2} 煤层和 3^{-1} 煤层)的覆岩垮落规律。覆岩垮落规律主要包括初次来压及垮落步距、周期来压及垮落步距、垮落带和裂隙带发育特征与发育高度、不同开采布置对覆岩破坏和地表移动的影响规律。为提高可靠性，煤层群开采在同一物理模型上进行。物理相似材料模拟实验分别模拟 1^{-2} 煤层单一煤层开采的覆岩破坏规律、2^{-2} 煤层和 1^{-2} 煤层叠置开采的覆岩垮落规律，2^{-2} 煤层单一煤层开采的覆岩下沉规律采用下沉增量的方法确定，最后对 3^{-1} 煤层与 2^{-2}、1^{-2} 煤层叠置开采的覆岩垮落规律进行模拟。

3.1　物理相似材料模拟实验设计

通过物理相似材料模拟实验，模拟浅埋近距离煤层群开采单一煤层开采、双煤层叠置区开采条件下工作面覆岩垮落规律、裂隙发育特征和地表移动变形规律。

3.1.1　工作面概况

N1114 工作面位于北翼东区 1^{-2} 煤层生产系统以东，南为 N1112 工作面采空区。工作面地表为黄土梁峁沟壑区，冲沟发育，地形破碎。工作面走向长度 1945.4m，倾向长度 245m。煤层平均厚度 1.75m，平均埋深 120m，倾角 1°左右，平均基岩厚度 80m，黄土层厚度 40m。煤层顶板为粉砂岩或细砂岩，厚度 3.43～12.16m；底板为粉砂岩、泥岩、粉砂质泥岩，厚度 0.34～16.48m。物理相似材料模拟时，煤层埋藏平均深度 120m，其中基岩厚度 80m，黄土层厚度 40m，物理参数见表 3.1。

表 3.1　岩石物理参数

层序	岩性	厚度/m	密度/(g/cm³)	单向抗压强度/MPa	抗拉强度/MPa	弹性模量/MPa	内聚力/MPa	内摩擦角/(°)	泊松比	体积模量/MPa	剪切模量/MPa
1	红土	42.00	1.86	0.29	0.029	33	0.09	30.6	0.35	37	12
2	砂质泥岩	14.76	2.56	6.70	0.540	2400	0.26	38.5	0.24	1539	968

续表

层序	岩性	厚度/m	密度/(g/cm³)	单向抗压强度/MPa	抗拉强度/MPa	弹性模量/MPa	内聚力/MPa	内摩擦角/(°)	泊松比	体积模量/MPa	剪切模量/MPa
3	粉砂岩	21.55	2.42	31.9	0.203	605	0.65	38.0	0.32	560	229
4	中粒砂岩	28.75	2.16	35.3	0.260	1599	0.80	44.5	0.29	1269	620
5	粉砂岩	6.70	2.42	41.9	0.203	605	0.65	38.0	0.32	560	229
6	中粒砂岩	9.96	2.33	40.6	0.559	1949	1.50	44.0	0.28	1477	761
7	1^{-2}煤层	1.89	1.29	15.7	0.289	845	1.30	37.5	0.28	640	330
8	细粒砂岩	2.85	2.23	25.6	0.279	953	1.20	41.0	0.27	1005	521
9	细粒砂岩	6.55	2.27	29.6	0.500	1258	1.50	42.0	0.29	998	488
10	粉砂岩	3.80	2.44	46.0	0.234	995	0.90	40.0	0.30	829	383
11	细粒砂岩	5.90	2.34	48.5	0.694	1629	1.90	42.5	0.27	1180	641
12	粉砂岩	1.00	2.40	45.3	0.234	924	1.20	41.0	0.30	770	355
13	细粒砂岩	11.00	2.60	43.6	0.236	963	1.50	42.0	0.35	1369	963
14	细粒砂岩	2.16	2.30	45.6	0.708	2113	2.20	41.5	0.27	1531	832
15	2^{-2}煤层	4.60	1.34	13.8	0.328	845	1.40	38.5	0.27	612	333
16	粉砂岩	3.54	2.34	20.5	0.043	135	0.15	37.5	0.34	141	51
17	细粒砂岩	8.70	2.28	39.1	0.810	3627	2.20	42.0	0.27	2628	1428
18	粉砂岩	2.40	2.40	42.5	0.275	353	0.70	40.0	0.31	310	135
19	细粒砂岩	11.70	2.35	47.5	0.799	2631	2.40	43.0	0.27	1907	1036
20	中粒砂岩	6.90	2.26	41.9	0.864	2714	2.50	44.0	0.26	1885	1077
21	粉砂岩	3.45	2.40	46.3	0.536	2014	1.80	41.0	0.28	1526	787
22	3^{-1}煤层	2.74	1.27	10.9	0.403	739	1.10	36.5	0.29	587	286
23	粉砂岩	3.36	2.33	43.1	0.810	3239	2.00	43.0	0.25	2159	1296

N1114 工作面直接顶垮落步距 12.0m，老顶初次来压步距 22.0m，老顶周期来压步距 10.1～28.3m，来压不明显。实测 N1106 工作面初次来压步距 29.5m，周期来压步距 11.2m，支架动载系数 1.5～1.7。可见，1^{-2} 煤层工作面来压不明显，来压步距出现较大离散性。

N1206 工作面倾向长度 295.0m，开采 2^{-2} 煤层，采高 6.0m。埋深 93～212m，基岩厚度 55～110m，土层厚度 10～100m。工作面伪顶为粉砂岩，厚 0.48～0.74m；直接顶为粉砂质泥岩，厚 6.83～8.87m，与上煤层间距 33m。该区 N1201 工作面初次来压步距 56.1m，周期来压步距 18.0m，来压期间支架载荷增大 11～13MPa。

N1206 工作面受上部 1^{-2} 煤层开采影响，老顶初次来压步距 66.0m，周期来压步距 21.6m，来压缓和。

3.1.2　物理模型设计与开挖方案

1. 相似条件确定与模型铺设

依据地质原型并考虑工作面开采影响范围，确定模型的几何相似比为 1∶200，实验模型选用 3.0m 平面应力模型架。相似条件包括几何相似比 α_l、容重相似比 α_γ、重力加速度相似比 α_g、时间相似比 α_t、速度相似比 α_v、位移相似比 α_s、岩层强度相似比 α_R、弹性模量相似比 α_E、内聚力相似比 α_C、内摩擦角相似比 α_φ 和作用力相似比 α_f，下标 m 表示模型，p 表示工程原型。

几何相似比：$\alpha_l = \dfrac{l_{\mathrm{m}}}{l_{\mathrm{p}}} = \dfrac{1}{200}$；

容重相似比：$\alpha_\gamma = \dfrac{\gamma_{\mathrm{m}}}{\gamma_{\mathrm{p}}} = \dfrac{2}{3}$；

重力加速度相似比：$\alpha_g = \dfrac{g_{\mathrm{m}}}{g_{\mathrm{p}}} = \dfrac{1}{1}$；

时间相似比：$\alpha_t = \dfrac{t_{\mathrm{m}}}{t_{\mathrm{p}}} = \sqrt{\alpha_l} = 0.071$；

速度相似比：$\alpha_v = \dfrac{v_{\mathrm{m}}}{v_{\mathrm{p}}} = \sqrt{\alpha_l} = 0.071$；

位移相似比：$\alpha_s = \alpha_l = \dfrac{1}{200}$；

岩层强度、弹性模量、内聚力相似比：$\alpha_R = \alpha_E = \alpha_C = \alpha_l \alpha_\gamma = \dfrac{1}{300}$；

内摩擦角相似比：$\alpha_\varphi = \dfrac{R_{\mathrm{m}}}{R_{\mathrm{p}}} = \dfrac{1}{1}$；

作用力相似比：$\alpha_f = \dfrac{f_{\mathrm{m}}}{f_{\mathrm{p}}} = \alpha_g \alpha_\gamma \alpha_l^3 = 8.3\times10^{-8}$。

根据相似条件，结合研究区域内的岩石物理力学参数，确定物理相似材料模拟配比，见表 3.2。根据相似材料模拟配比分层铺设模型，平面应力模型尺寸为 3.0m×1.03m×0.2m(长×高×宽)，相似材料包括河沙、石膏、大白粉、粉煤灰等，按沙的密度 $1.6\mathrm{g/cm^3}$、煤的密度 $1.3\mathrm{g/cm^3}$ 计算 1cm 分层模型用料。按确定的配比来模拟岩层，铺设模型时每层撒云母作为岩层的层面和节理裂隙等弱面。

表 3.2　物理相似材料模拟配比

序号	岩性	模型厚度/cm	配比号	每层耗材用量/(kg/cm)			
				河沙	石膏	大白粉	粉煤灰
1	红土	21.0	沙、土、油质量比 4.5∶4.5∶1	沙(8.64)　土(8.64)　油(1.92)			
2	砂质泥岩	7.0	928	12.96	0.288	1.152	—
3	粉砂岩	11.0	837	8.64 4.32	0.288 0.144	0.672 0.336	—
4	中粒砂岩	14.0	837	4.32	0.144	0.336	—
5	粉砂岩	3.0	937	4.32	0.144	0.336	—
6	中粒砂岩	5.0	828	8.53	0.213	0.853	—
7	1^{-2}煤层	1.0	沙、粉煤灰、石膏、 大白粉质量比 20∶20∶1∶5	3.39	0.170	0.850	3.39
8	细粒砂岩	1.5	937	8.64	0.288	0.672	—
9	细粒砂岩	3.0	837	8.53	0.320	0.747	—
10	粉砂岩	2.0	828	8.53	0.213	0.853	—
11	细粒砂岩	3.0	837	8.53	0.320	0.747	—
12	粉砂岩	0.5	937	4.32	0.144	0.336	—
13	细粒砂岩	5.5	828	8.53	0.213	0.853	—
14	细粒砂岩	1.0	937	6.48	0.216	0.504	—
15	2^{-2}煤层	2.5	沙、粉煤灰、石膏、 大白粉质量比 20∶20∶1∶5	3.39	0.170	0.850	3.39
16	粉砂岩	2.0	937	7.78	0.259	0.605	—
17	细粒砂岩	4.0	837	5.97	0.224	0.523	—
18	粉砂岩	1.0	937	8.64	0.288	0.672	—
19	细粒砂岩	6.0	837	8.53	0.320	0.747	—
20	中粒砂岩	3.5	828	8.53	0.213	0.853	—
21	粉砂岩	2.0	937	9.50	0.317	0.739	—
22	3^{-1}煤层	1.5	沙、粉煤灰、石膏、 大白粉质量比 20∶20∶1∶5	2.54	0.128	0.638	2.54
23	粉砂岩	2.0	937	4.32	0.144	0.336	—

2. 模型开挖方案

模型自然风干，按照时间相似比进行开挖。1^{-2}煤层左右工作面宽度均为

245m，工作面煤柱宽度为20m。受模型长度限制，2^{-2}煤层左侧工作面宽度为265m，接近实际工作面宽度，中部留设20m煤柱，右侧工作面宽度为185m，能够保证达到充分采动。

模拟实验采用下行式开采方式，开挖次序：1^{-2}煤层左侧工作面→1^{-2}煤层右侧工作面→2^{-2}煤层左侧工作面→2^{-2}煤层右侧工作面→3^{-1}煤层左侧工作面→3^{-1}煤层右侧工作面。物理相似材料模拟模型开挖方案如图3.1所示。

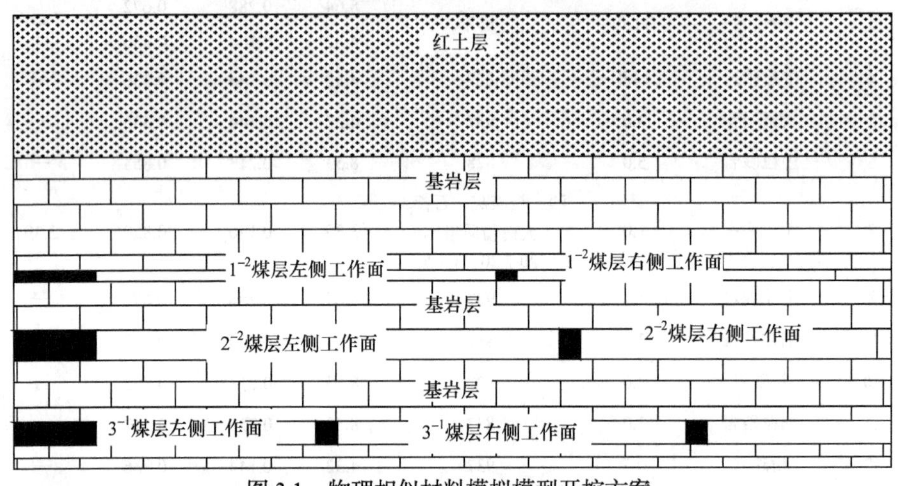

图3.1　物理相似材料模拟模型开挖方案

3.2　单一煤层开采覆岩垮落规律与顶板结构

3.2.1　单一煤层开采顶板的初次垮落

直接顶初次垮落：随着1^{-2}煤层工作面自开切眼推进过程中，直接顶离层加大，在煤壁和开切眼处出现竖向裂隙。工作面推进12m时，直接顶垮落带高度为2m。推进26m时，直接顶垮落带高度为4m，顶板离层裂隙带高度为6m(图3.2)。

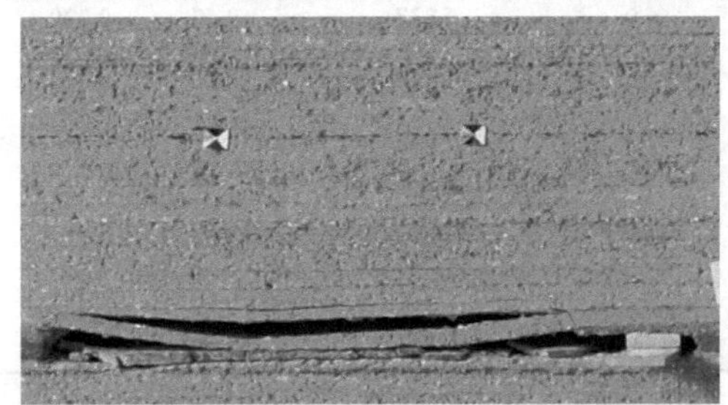

图3.2　1^{-2}煤层工作面开采26m直接顶初次垮落

老顶初次来压：工作面推进到55m时，顶板垮落带高度为15m，裂隙带高度为19m(图3.3)。工作面初次来压，支架动载系数为1.7。老顶垮落角在切眼处为

52°，煤壁处为 46°。

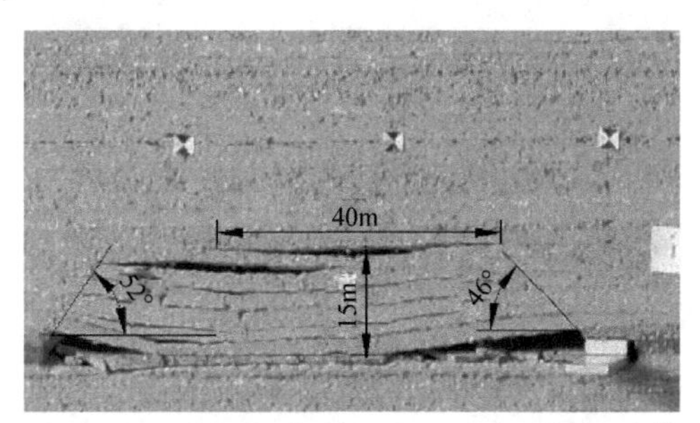

图 3.3　1^{-2} 煤层工作面开采 55m 老顶初次垮落

图中尺寸为根据物理模型几何相似比换算的实际尺寸，后同

3.2.2　单一煤层开采老顶周期性垮落

工作面推进 74m 时，老顶第 1 次周期性垮落，垮落步距为 19m，顶板垮落带高度为 17m，裂隙带高度为 22m，离层宽度为 55m，来压时支架动载系数为 1.7，如图 3.4 所示。

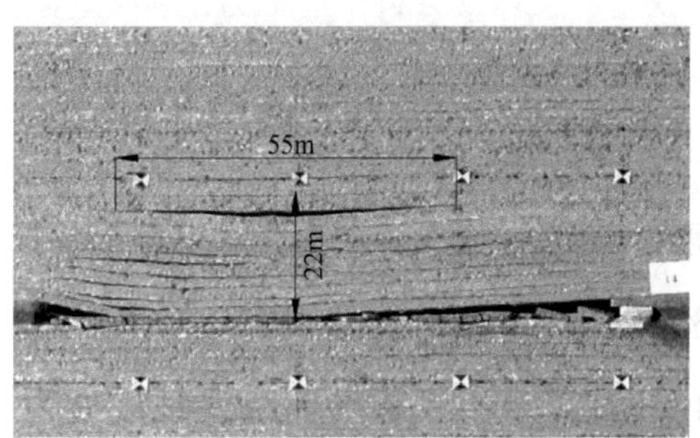

图 3.4　1^{-2} 煤层工作面老顶第 1 次周期性垮落

工作面推进 86m 时，老顶第 2 次周期性垮落，垮落步距为 12m，垮落带高度为 26m，裂隙带高度达 30m，如图 3.5 所示。

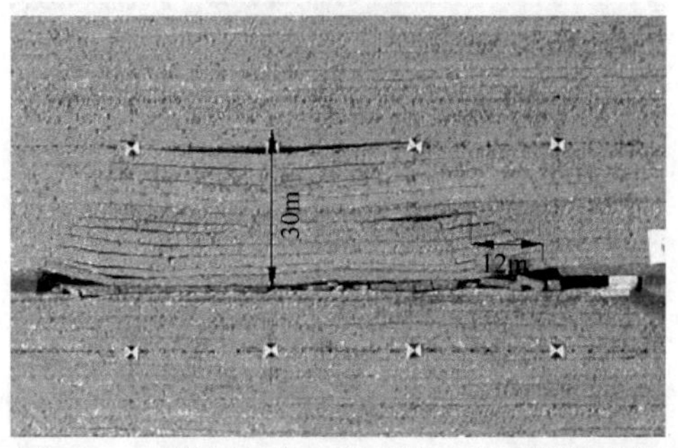

图 3.5　1^{-2} 煤层工作面老顶第 2 次周期性垮落

工作面推进 97m 时，老顶第 3 次周期性垮落，垮落步距为 11m，垮落带高度为 30m，裂隙带高度为 34m，如图 3.6 所示。

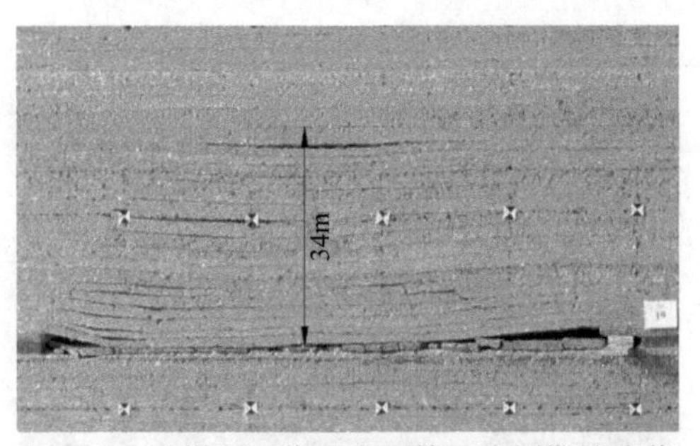

图 3.6　1^{-2}煤层工作面老顶第 3 次周期性垮落

工作面推进 110m 时，老顶第 4 次周期性垮落，垮落步距为 13m，顶板垮落带高度达到 33m，裂隙带高度为 42m，如图 3.7 所示。来压时支架应力集中系数为 1.6。

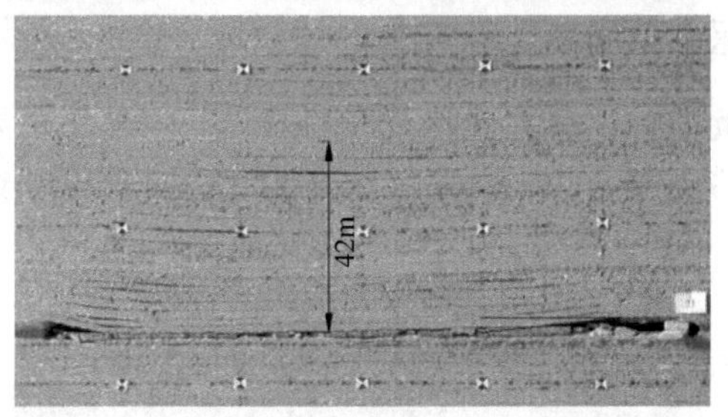

图 3.7　1^{-2}煤层工作面老顶第 4 次周期性垮落

老顶第 5 次周期性垮落后，上覆岩层离层间距明显减小，地表沉降明显。

3.2.3　单一煤层充分采动

工作面推进 121m 时，工作面周期性垮落，垮落步距为 11m，垮落带高度为 40m。上覆岩层整体下移，覆岩离层基本消失，如图 3.8 所示，地表充分采动，地表下沉量达到 1.7m。1^{-2}煤左侧工作面推进到 245m 后，留设 20m 区段煤柱，然后进行 1^{-2}煤右侧工作面的开挖，获得了类似的顶板垮落规律。

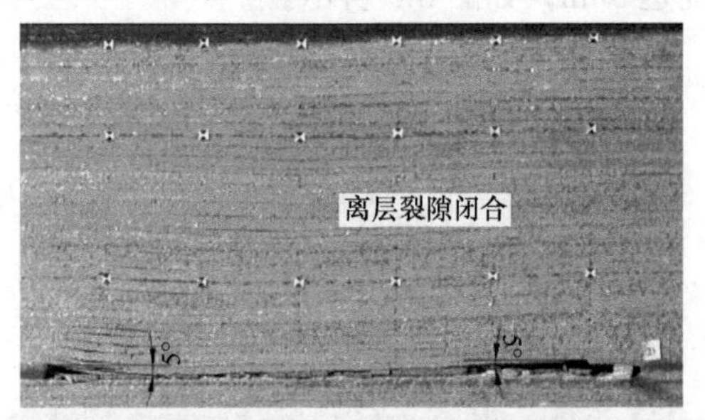

图 3.8　1^{-2}煤层工作面老顶充分采动距离 121m

3.2.4　单一煤层开采覆岩垮落规律总结

1^{-2}煤层单一工作面覆岩垮落规律见表 3.3。直接顶初次垮落步距为 26m，老顶初次垮落步距为 55m，老顶周期性垮落步距为 11～19m，平均 13m，工作面采空区两侧覆岩垮落角为 50°左右。

表 3.3　1^{-2} 煤层单一工作面覆岩垮落规律　(单位：m)

1^{-2} 煤层工作面		垮落步距	垮落带高度	裂隙带高度	工作面推进距离
直接顶初次垮落		26	4	6	26
老顶垮落步距	初次垮落	55	15	19	55
	第 1 次周期性垮落	19	17	22	74
	第 2 次周期性垮落	12	26	30	86
	第 3 次周期性垮落	11	30	34	97
	第 4 次周期性垮落	13	33	42	110
	第 5 次周期性垮落充分采动	11	40	120	121
	周期性垮落平均	13	—	—	—

1^{-2} 煤层工作面垮落带高度和裂隙带高度与工作面推进距离的关系如图 3.9 所示，1^{-2} 煤层两个工作面开采结束后，顶板垮落带高度最大为 40m，裂隙带高度为垮落带高度的 3 倍左右。工作面推进到 120m 后，裂隙带发育至地表，工作面充分采动，充分采动距离约等于覆岩厚度。

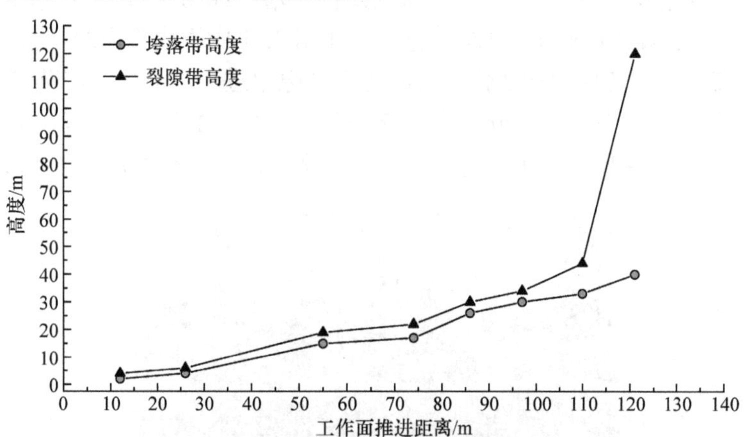

图 3.9　1^{-2} 煤层工作面垮落带高度和裂隙带高度与工作面推进距离的关系

3.3　多煤层重复开采覆岩垮落规律与顶板结构

3.3.1　2^{-2} 煤层开采覆岩垮落规律与顶板结构

1. 直接顶初次垮落

2^{-2} 煤层工作面自开切眼推进 34m 时，直接顶初次垮落，垮落带高度为 3m，裂隙带高度为 6m。

2. 老顶初次垮落

工作面推进 65m，老顶初次垮落，顶板垮落带高度为 21m，有 10m 厚老顶未垮落。裂隙带高度为 26m，覆岩垮落角为 58°，2^{-2} 煤层工作面老顶初次垮落如图 3.10 所示。来压时支架动载系数为 1.3。

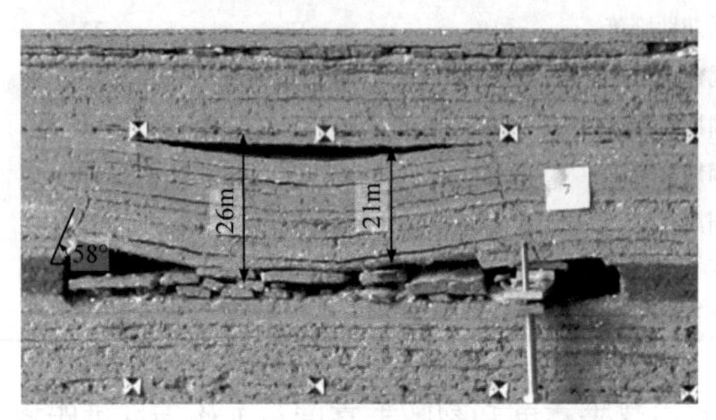

图 3.10　2^{-2} 煤层工作面老顶初次垮落

3. 老顶周期性垮落

工作面推进 90m 时，老顶第 1 次周期性垮落，如图 3.11 所示，垮落步距为 25m。上覆岩层破断贯通 1^{-2} 煤层采空区，如图 3.11 中圈内贯通线所示。1^{-2} 煤层采空区压实顶板，离层裂隙活化，竖向边界裂隙也进一步活化，垮落带高度达到 41.7m，裂隙带高度达到 52.0m。由于 2^{-2} 煤层老顶与 1^{-2} 煤层原有铰接老顶同时垮落失稳，1^{-2} 煤层顶板初次活化，来压较为剧烈，支架动载系数达到 2.1。

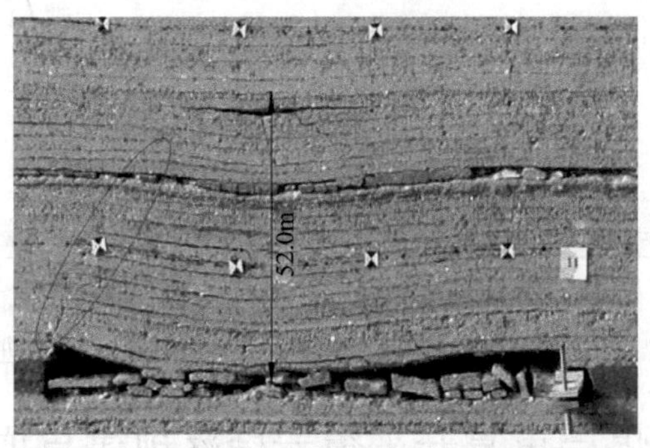

图 3.11　2^{-2} 煤层工作面老顶第 1 次周期性垮落

工作面推进 110m 时，老顶第 2 次周期性垮落(步距为 20m)，即 1^{-2} 煤层顶板再次活化垮落，垮落带高度为 52.5m，裂隙带高度为 63.0m，支架动载系数为 1.4，如图 3.12 所示。

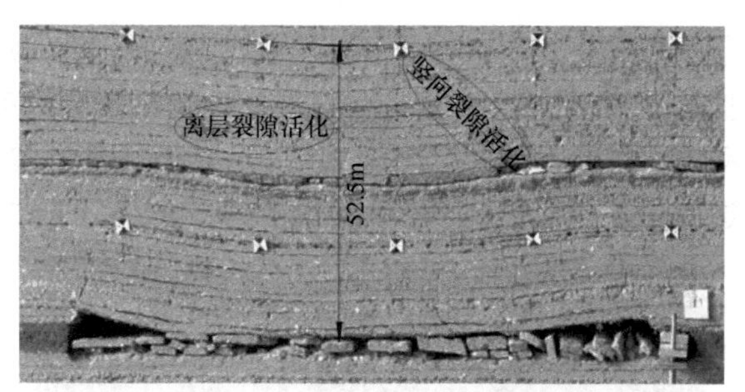

图 3.12　2^{-2}煤层工作面老顶第 2 次周期性垮落

4. 地表二次充分采动

工作面推进到 130m 时，顶板第 3 次周期性垮落，垮落步距为 20m，垮落带高度达到 63m，间隔层顶板和 1^{-2} 煤层垮落顶板出现第 2 次周期性垮落，裂隙带发育至地表，2^{-2} 煤层工作面充分采动，如图 3.13 所示。此时，地表弯曲下沉带整体下沉，离层闭合，2^{-2} 煤层工作面完全处于 1^{-2} 煤层工作面采空区压实区，支架动载系数为 1.4。

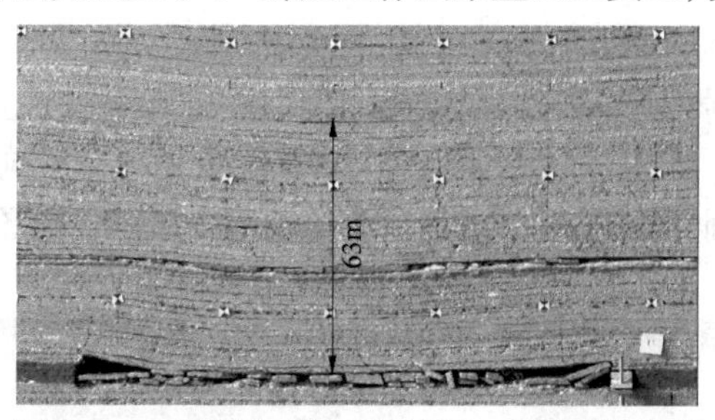

图 3.13　2^{-2}煤层工作面老顶第 3 次周期性垮落

5. 二次充分采动后的裂缝发育规律

当工作面推进到 150m 时，老顶第 4 次周期性垮落，如图 3.14 所示，垮落步

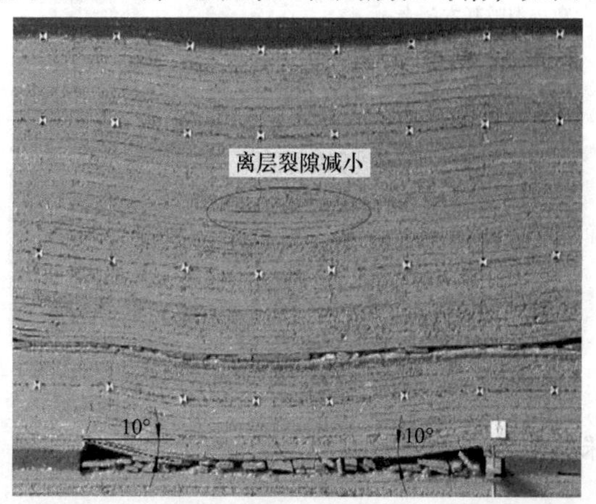

图 3.14　2^{-2}煤层工作面老顶第 4 次周期性垮落

距为 20m。间隔层顶板和上煤层铰接顶板第 3 次周期性垮落，顶板垮落带高度达到 64m，裂隙带抵达地表，地表二次充分采动，工作面顶板回转角为 10°。

地表充分采动后，主要表现为离层裂隙减小，地表下沉量增大，1^{-2} 煤层工作面地表下沉盆地边界裂隙扩大，地表变形破坏严重，如图 3.15 所示。

图 3.15　地表边界裂隙(裂缝)

当工作面推进到 163m 时，老顶第 5 次周期性垮落，垮落步距为 13m，采空区上方原有离层裂隙基本闭合，1^{-2} 煤层工作面左侧开采边界上方岩层竖向裂隙活化，裂隙宽度增加，如图 3.16 所示。受 2^{-2} 煤层重复开采影响，1^{-2} 煤层工作面右侧原下沉盆地边缘地表裂缝进一步加大，出现集中裂隙，如图 3.17 所示，工作面顶板回转角为 10°。

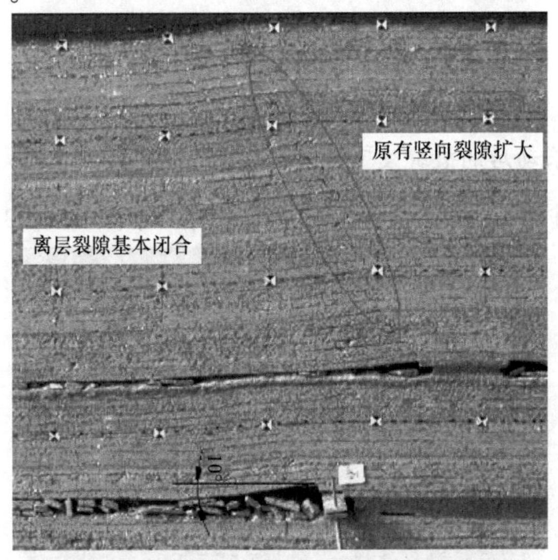

图 3.16　2^{-2} 煤层工作面老顶第 5 次周期性垮落

6. 2^{-2} 煤层开采顶板垮落规律总结

1^{-2} 煤层开采后，2^{-2} 煤层工作面开采的覆岩垮落规律如表 3.4 所示。

图 3.17　地表边界集中裂隙

表 3.4　2^{-2} 煤层工作面覆岩垮落规律　(单位：m)

名称	推进距离	垮落步距	垮落带高度	裂隙带高度	1^{-2} 煤层顶板
直接顶初次垮落	34	34	3	6	—
老顶初次垮落	65	65	21	26	—
第 1 次周期性垮落	90	25	41.7	52	初次活化
第 2 次周期性垮落	110	20	52.5	63	二次活化
第 3 次周期性垮落	130	20	63	150	三次活化，充分采动
第 4 次周期性垮落	150	20	64	150	四次活化
第 5 次周期性垮落	163	13	66	150	五次活化
第 6 次周期性垮落	187	24	66	150	六次活化
周期性垮落平均步距	—	20	—	—	—

顶板初次垮落：2^{-2} 煤层工作面直接顶初次垮落步距为 34m，间隔层老顶初次垮落步距为 65m。1^{-2} 煤层与 2^{-2} 煤层间距为 33.3m，间隔岩层存在坚硬老顶，初次垮落步距较大。

周期性垮落：2^{-2} 煤层第 1 次周期性垮落步距为 25m，与 1^{-2} 煤采空区铰接顶板同时垮落，造成较大周期来压。间隔层破断后，顶板周期性垮落步距为 13～25m，平均 20m。

顶板回转角：2^{-2} 煤层工作面充分采动后顶板回转角为 10°左右。

充分采动距离：工作面充分采动距离与 1^{-2} 煤层类似，为 130m。

顶板垮落带高度：受 1^{-2} 煤层开采的影响，2^{-2} 煤层工作面间隔层老顶破断后，顶板垮落带高度和裂隙带高度增大，直接顶初次垮落带高度为 3m，老顶初次垮落带高度为 21m。工作面推进到 90m 时，间隔层垮透，垮落带高度为 41.7m；工作面推进到 130m 时，垮落带高度抵达土层，裂隙带抵达地表。2^{-2} 煤层工作面垮落带高度和裂隙带高度与工作面推进距离的关系如图 3.18 所示。

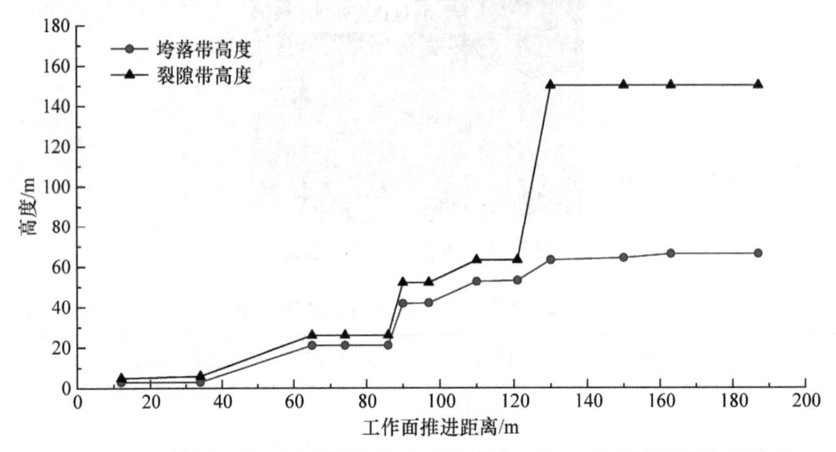

图 3.18　2^{-2} 煤层工作面垮落带高度和裂隙带高度与工作面推进距离的关系

3.3.2　3^{-1} 煤层开采覆岩垮落规律与顶板结构

1. 顶板初次垮落

受上部煤层开采卸压的影响，3^{-1} 煤层工作面顶板垮落步距增大。工作面推进 20m 后，直接顶初次垮落，垮落带高度为 3m，裂隙带高度为 6m。工作面直接顶初次垮落如图 3.19 所示。工作面推进到 60m 后，老顶初次垮落，垮落带高度为 13m，裂隙带高度为 18m，顶板初次来压。3^{-1} 煤层工作面老顶初次垮落如图 3.20 所示。

图 3.19　3^{-1} 煤层工作面直接顶初次垮落

图 3.20　3^{-1} 煤层工作面老顶初次垮落

2. 3^{-1} 煤层顶板周期性垮落

工作面推进到 76m 时，顶板第 1 次周期性垮落，垮落步距为 16m。顶板垮落带高度为 18m，裂隙带高度为 35m，贯通 2^{-2} 煤层采空区，如图 3.21 所示。工作面推进到 84m 时，老顶第 2 次周期性垮落，垮落步距为 8m，间隔岩层充分破断，岩层破断角为 50°，岩层移动波及 1^{-2} 煤层底板，二次裂隙带高度达到 70m，如图 3.22 所示。

图 3.21　3^{-1} 煤层工作面顶板第 1 次周期性垮落

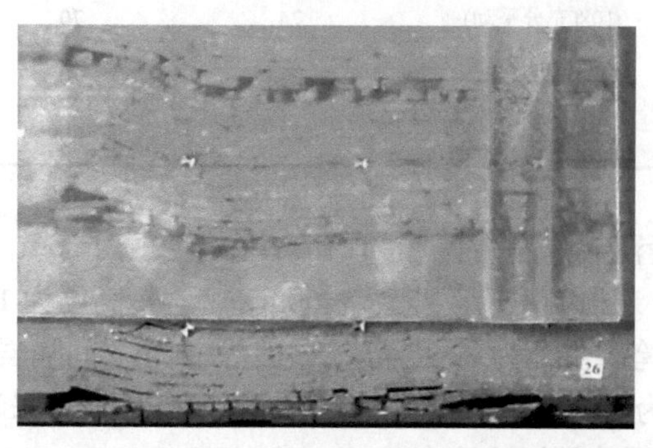

图 3.22　3^{-1} 煤层工作面顶板间隔岩层充分破断

当工作面推进到 108m 时，顶板垮落移动波及地表，达到充分采动。此时，1^{-2} 煤层和 2^{-2} 煤层边界裂隙活化、扩大，采空区顶板岩层离层裂隙闭合，形成下沉盆地，如图 3.23 所示。此后，周期性垮落步距基本为 24m。

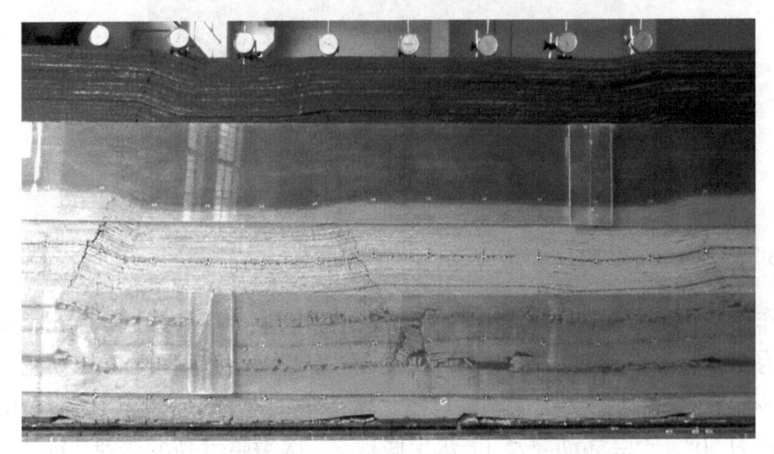

图 3.23　3^{-1} 煤层工作面开采覆岩裂隙特征和地表下沉盆地

3. 3^{-1} 煤层开采覆岩垮落规律总结

3^{-1} 煤层开采后，覆岩垮落带和裂隙带发育规律见表 3.5。

表 3.5　3^{-1} 煤层覆岩垮落规律

名称	工作面推进距离/m	垮落步距/m	垮落带高度/m	裂隙带高度/m
直接顶初次垮落	20	20	3	6
老顶初次垮落	60	60	13	18
第 1 次周期性垮落	76	16	18	35
第 2 次周期性垮落	84	8	35	70
第 3 次周期性垮落	108(充分采动)	24	70	190
第 4 次周期性垮落	132	24	70	190
第 5 次周期性垮落	156	24	70	190

3^{-1} 煤层顶板垮落规律总结：直接顶初次垮落步距为 20m，垮落带高度为 3m，裂隙带高度为 6m。老顶初次垮落步距为 60m，垮落带高度为 13m，裂隙带高度为 18m。老顶周期性垮落步距为 8～24m，一般为 24m。间隔岩层充分垮落步距为 84m，垮落带高度为 35m，裂隙带高度为 70m。工作面充分采动距离为 108m，垮落带高度为 70m，裂隙带抵达地表。

3.4　近距离煤层群开采地表沉降与裂隙演化规律

3.4.1　单一煤层开采地表沉降与裂隙演化规律

1. 地表沉降规律

1^{-2} 煤层工作面推进至 121m 时，地表达到充分采动，最大下沉量为 1.7m，下沉系数为 0.85。1^{-2} 煤层 2 个工作面开采后地表下沉量如图 3.24 所示，呈现宽缓的 W 形沉降。工作面间煤柱区下沉量小，为 1.02m，与最大下沉量 1.7m 相差约 0.7m。

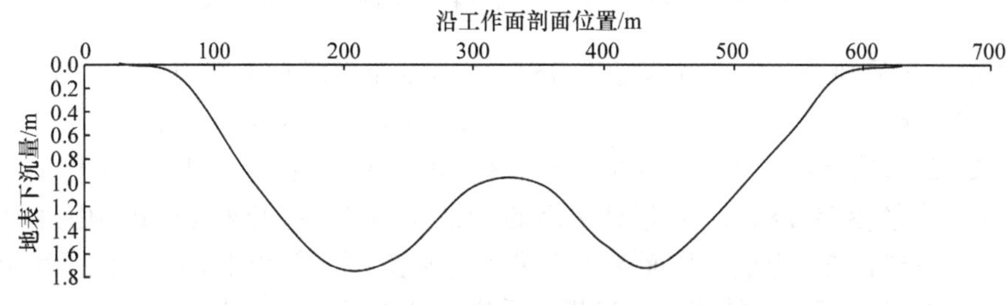

图 3.24　1^{-2} 煤层 2 个工作面开采后地表下沉量

2. 裂隙(缝)演化规律

由于采高小，覆岩裂隙和地表裂缝不明显，总体规律如下。

覆岩裂隙：主要包括采空区边界裂隙，采空区内离层裂隙。1^{-2} 煤层开采后在采空区边界产生向上发育的边界裂隙和采空区中部的离层裂隙，离层裂隙随开采而闭合。

地表裂缝：主要为沿面间煤柱的边界裂缝及采空区内周期性的平行裂缝。

随着工作面开采范围的扩大，达到充分采动后，覆岩边界裂隙发育到地表，形成地表边界裂缝。此后，工作面煤壁上方的边界裂隙随工作面推进和覆岩周期性垮落而周期性出现，间距与覆岩周期性垮落运动有关。

平行裂缝进入地表下沉盆地后随落差的减小而减小或闭合，与现场实测一致，地表裂缝主要是沿区段煤柱分布范围最长的煤柱边界裂缝。1^{-2} 煤层开采结束后覆岩垮落特征及地表形态如图 3.25 所示。

3.4.2　双煤层开采地表沉降与裂隙演化规律

1. 地表沉降规律

1^{-2} 煤层开采结束后，待覆岩和地表移动变形稳定，进行 2^{-2} 煤层错距开采。

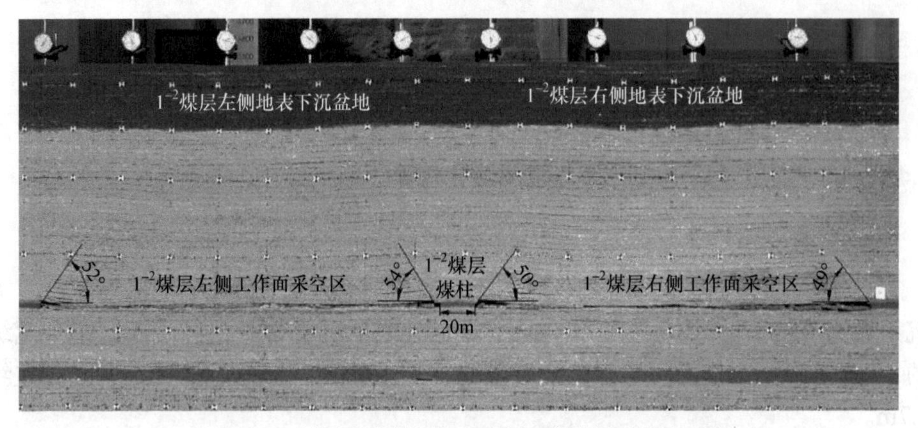

图 3.25　1^{-2} 煤层开采结束后覆岩垮落特征及地表形态

2^{-2} 煤层开采后地表最大下沉增量为 3.95m，地表下沉增量系数为 0.79，小于 1^{-2} 煤层。2^{-2} 煤层开采后，两煤层累计地表最大下沉量为 5.03m，累计地表下沉系数为 0.72。2^{-2} 煤层与 1^{-2} 煤层工作面区段煤柱错距 40m 布置后，煤柱影响区的累计地表下沉曲线落差 0.81m，是累计采高的 11.5%。1^{-2} 煤层开采煤柱影响区的落差是采高的 35%。2^{-2} 煤层工作面错距开采后的地表下沉量如图 3.26 所示。可见，合理的煤柱错距可以有效减小每米累计采高的地表下沉曲线落差。

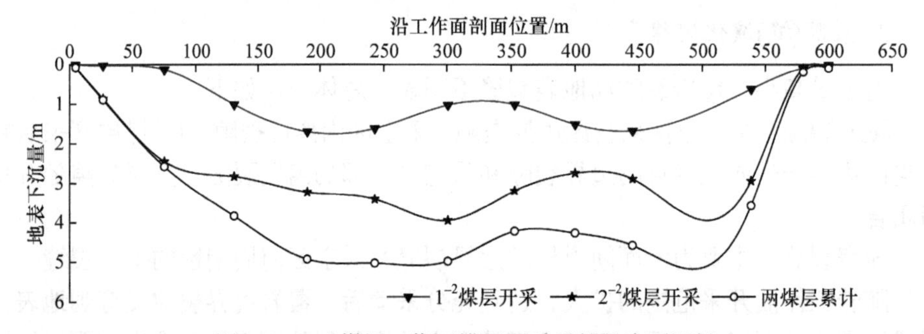

图 3.26　2^{-2} 煤层工作面错距开采后的地表下沉量

2. 裂隙演化规律

覆岩与地表裂缝主要为边界裂缝和盆地内平行裂缝，煤柱边界裂缝最大，分布最长，平行裂缝在盆地内基本闭合。2^{-2} 煤层煤柱错距 40m 布置，地表下沉平缓，工作面间的煤柱边界裂缝减小，下沉台阶减小，如图 3.27 所示。随着工作面推进，地表平行裂缝周期性出现、张开，进入下沉盆地后逐渐闭合。因此，地表裂缝主要是煤柱边界裂缝，通过合理的工作面布置，可以降低地表裂缝发育程度。

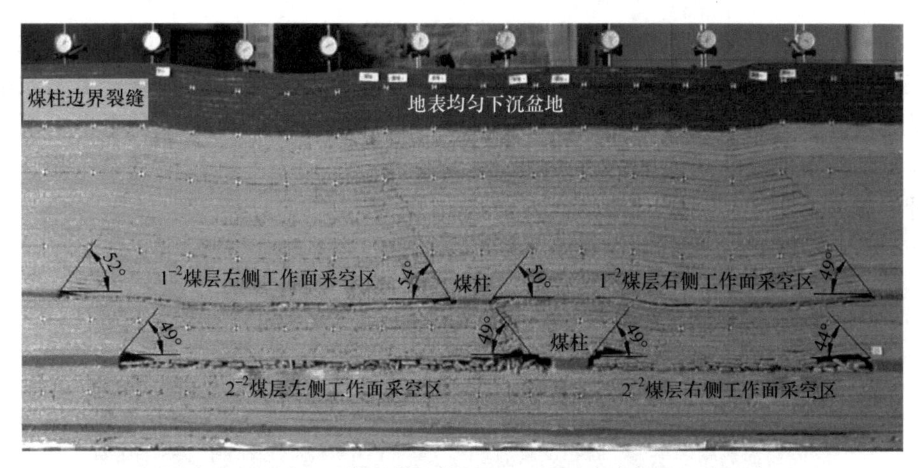

图 3.27　2^{-2} 与 1^{-2} 煤层煤柱错距 40m 的覆岩垮落及地表沉降

3.4.3　三次开采覆岩地表沉降与裂隙演化规律

1. 地表沉降规律

3^{-1} 煤层开采最大下沉增量为 3.58m，最大下沉增量系数为 1.20，地表下沉量大于 3^{-1} 煤层平均厚度。当 1^{-2} 煤层煤柱与 2^{-2} 煤层煤柱错距 40m，3^{-1} 煤层煤柱与 2^{-2} 煤层煤柱错距 80m 时，“煤柱群”区域下沉明显，地表下沉曲线最终平坦，如图 3.28 所示。说明通过多次采动，可以实现地表均沉降。

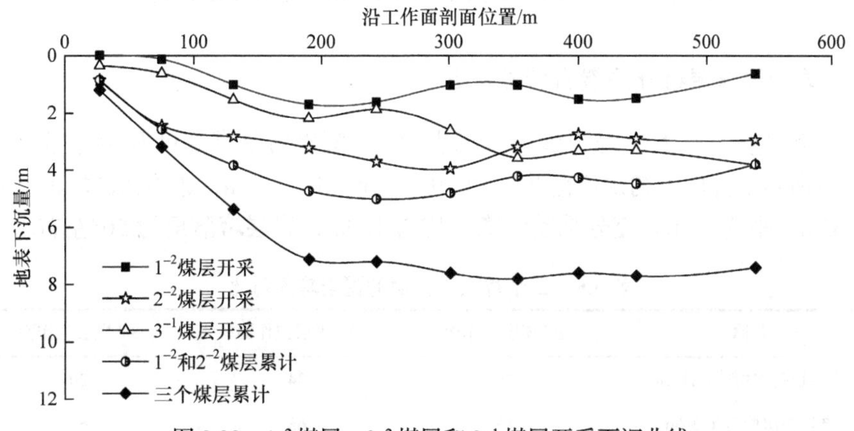

图 3.28　1^{-2} 煤层、2^{-2} 煤层和 3^{-1} 煤层开采下沉曲线

2. 裂隙演化规律

当开采 3^{-1} 煤层左侧和右侧工作面时，地表随着工作面的推进逐渐弯曲下沉，1^{-2} 煤层和 2^{-2} 煤层工作面开采结束后，进行 3^{-1} 煤层开采。当 3^{-1} 煤层左侧

和右侧工作面开采时，地表随着工作面的推进逐渐弯曲下沉，累计下沉量达到7.8m，地表累计下沉系数0.78。地表下沉过程中土层裂隙不断发育，土层大范围出现离层，3^{-1}煤层开采引起2^{-2}煤层和1^{-2}煤层采空区垮落岩层逐步下沉和压实，覆岩裂隙随采空区的下沉和压实逐渐闭合，地表下沉盆地基本平坦，如图3.29所示。

图3.29　3^{-1}煤层左右工作面煤开采后地表下沉盆地

3.5　近距离煤层群覆岩垮落特征及煤柱群结构效应

3.5.1　近距离煤层群开采覆岩垮落特征

三个煤层工作面覆岩垮落步距见表3.6，覆岩垮落带高度和裂隙带高度如图3.30所示。直接顶初次垮落步距为20～34m，平均27m；老顶初次垮落步距为55～65m，平均60m。充分采动距离平均为120m，岩层垮落角为50°左右。

表3.6　三个煤层工作面的覆岩垮落对比

名称	1^{-2}煤层工作面	2^{-2}煤层工作面	3^{-1}煤层工作面
直接顶初次垮落步距/m	26	34	20
老顶初次垮落步距/m	55	65	60
老顶平均周期性垮落步距/m	13	20	24
充分采动距离/m	121	130	108
地表下沉系数	—	0.79	1.20
累计地表下沉系数	0.85	0.72	0.78

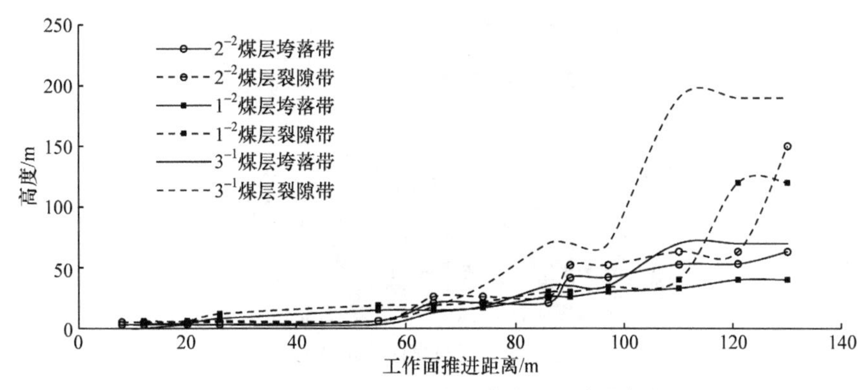

图 3.30　3 个煤层开采的覆岩垮落带和裂隙带高度对比

3.5.2　不同区段煤柱错距覆岩及地表裂隙演化规律

1. 2^{-2} 煤层与 1^{-2} 煤层区段煤柱重叠布置

2^{-2} 煤层与 1^{-2} 煤层区段煤柱重叠布置(叠置)时，2^{-2} 煤层间隔层顶板向左侧采空区回转断裂，导致 1^{-2} 煤层采空区边界裂隙进一步扩大，如图 3.31 所示。

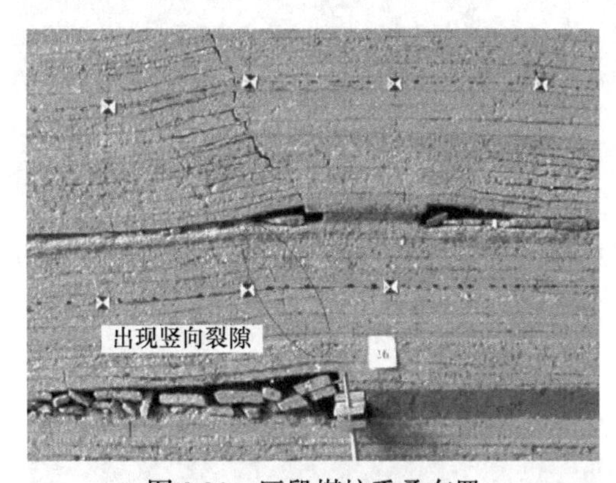

图 3.31　区段煤柱重叠布置

2^{-2} 煤层与 1^{-2} 煤层区段煤柱右边界完全错开时，间隔层顶板出现向 1^{-2} 煤层右侧采空区发育的竖向裂隙，如图 3.32 所示。此时，2^{-2} 煤层工作面间隔层顶板及其上覆垮落岩层整体下沉，工作面边界竖向裂隙和地表边界拉裂缝活化后进一步扩大，如图 3.33 所示。

2. 上下煤层区段煤柱错开布置

2^{-2} 煤层区段煤柱与 1^{-2} 煤层区段煤柱错距 15m 时，间隔层顶板出现裂隙，间隔岩层回转，1^{-2} 煤层煤柱下沉，边界裂隙减小，如图 3.34 所示。

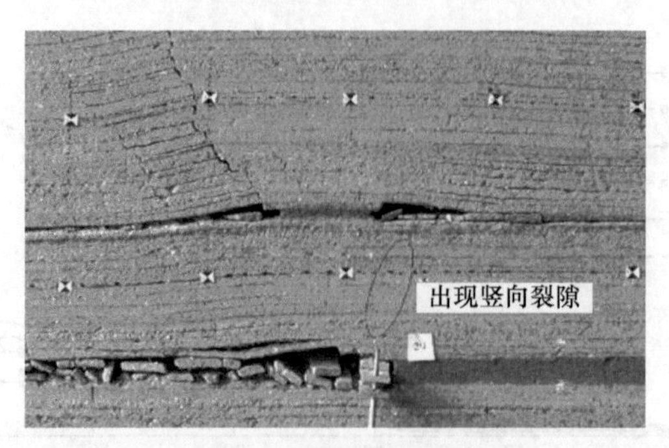

图 3.32　区段煤柱错距 0m

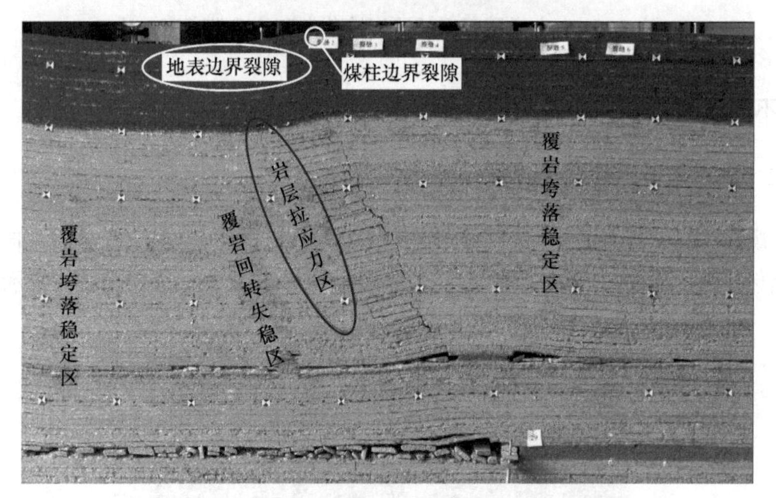

图 3.33　上下区段煤柱错距 0m 覆岩垮落区及裂隙分布

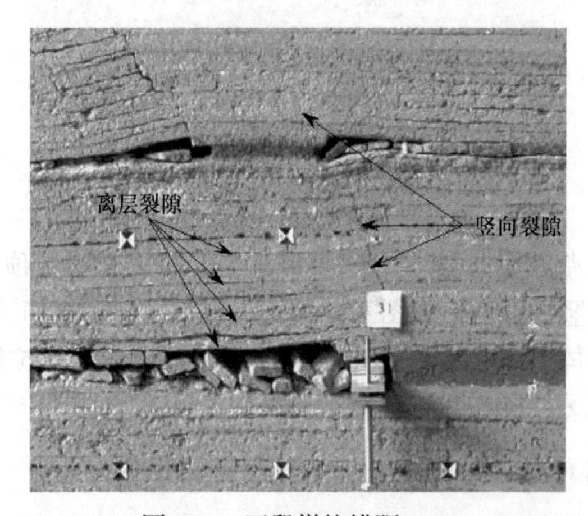

图 3.34　区段煤柱错距 15m

上下区段煤柱水平错距 40m 时，间隔层顶板整体破断切落，破断角为 50°。

上煤层煤柱整体沉降，煤柱支撑影响区顶板下沉增大，竖向边界裂隙趋于闭合，如图 3.35 所示。当区段煤柱错距 50m 时，1^{-2} 煤层煤柱区及顶板沉降停止，裂隙进一步闭合，但变化幅度不大，如图 3.36 所示。

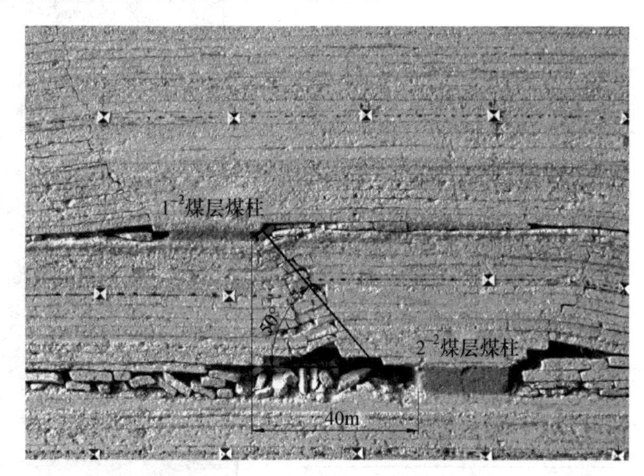

图 3.35　区段煤柱错距 40m

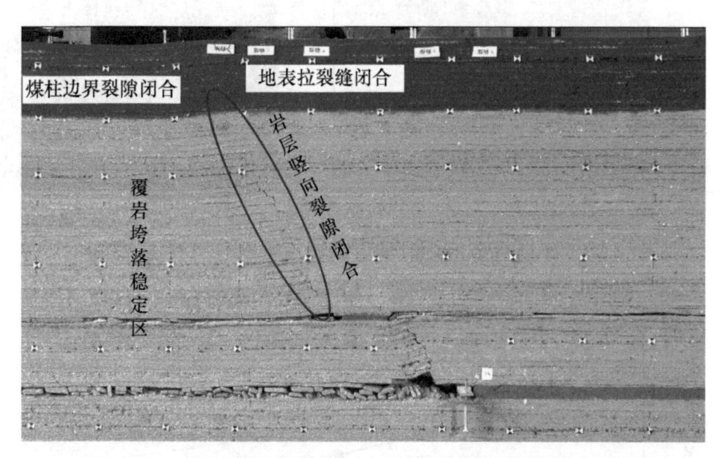

图 3.36　区段煤柱错距 50m 的覆岩垮落及裂隙发育形态

3. 覆岩裂缝与地表裂缝演化机理分析

覆岩裂缝：柠条塔煤矿 1^{-2} 煤层和 2^{-2} 煤层开采中，当上下区段煤柱叠置时，区段煤柱侧覆岩裂缝集中发育严重，宽度达 0.81m。当煤柱错距为 20m 时，裂缝发育程度减弱，宽度为 0.45m。错距达到 40m 后，覆岩裂缝趋于闭合，宽度减小为 0.22m。

地表裂缝：煤柱叠置、错距 20m 和 40m 时，区段煤柱侧地表裂缝宽度分别为 0.65m、0.30m 和 0.12m。根据图 3.37 和图 3.38 可知，区段煤柱侧覆岩裂缝和地表裂缝发育程度随煤柱错距的变化而同步变化，可以同时加以控制。

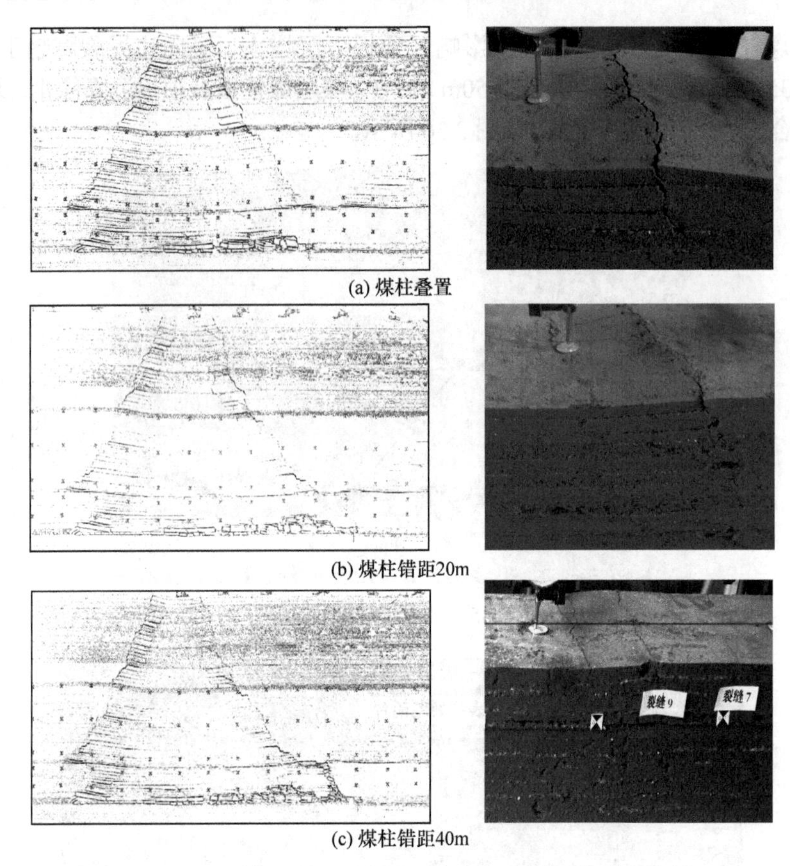

(a) 煤柱叠置

(b) 煤柱错距20m

(c) 煤柱错距40m

图 3.37　不同煤柱错距时覆岩裂缝与地表裂缝宽度及特征

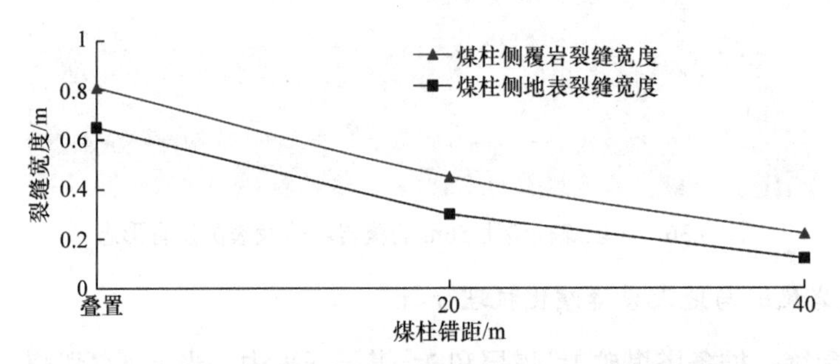

图 3.38　不同煤柱错距时覆岩裂缝与地表裂缝演化规律

综上，区段煤柱侧开采集中裂缝发育程度随煤柱错距增大而逐渐减弱。错距达 40m 后，2^{-2} 煤层顶板破断，破断角为 50°，上部煤柱及覆岩整体下沉。由于 2^{-2} 煤层间隔层顶板及 1^{-2} 煤层煤柱整体下沉，上覆岩层和地表沉降趋于均匀，落差减小，岩层及地表的边界裂缝闭合，减小了地表损害程度，如图 3.39 和图 3.40 所示。

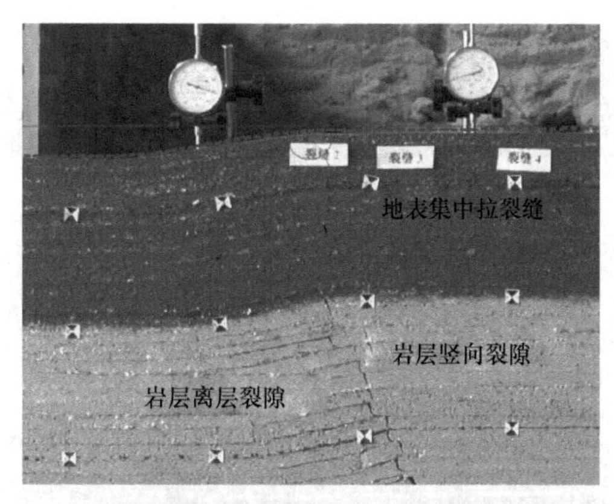

图 3.39　煤柱重叠布置时地表沉降不均匀裂缝发育

图 3.40　煤柱错距 40m 时地表沉降均匀裂隙闭合

3.5.3　煤层群重复开采煤柱群结构效应

煤柱重叠布置：当 1^{-2}、2^{-2} 和 3^{-1} 煤层煤柱重叠布置时，覆岩垮落盆地内的离层裂缝最终闭合，地表平行裂缝有所增大，覆岩和地表边界裂缝显著增大，出现台阶下沉，地表破坏严重。

煤柱错距布置：当 2^{-2} 煤层区段煤柱与 1^{-2} 煤层区段煤柱错距 40m、3^{-1} 煤层区段煤柱与 2^{-2} 煤层区段煤柱错距 80m(大约为间隔岩层厚度的 1.2 倍、2.2 倍)时，地表下沉均匀，地表裂缝控制效果最佳。三层煤层开采后地表最大下沉量为 7.8m，最大下沉系数为 0.78。3^{-1} 煤层单层下沉量的下沉系数最大达到 1.20，主要下沉量出现在煤柱影响区，地表平缓下沉。此时，地表出现整体水平盆地，工作面间的边界裂缝闭合，如图 3.41 所示。

实验结果表明，3^{-1} 煤层与 2^{-2} 煤层、2^{-2} 煤层与 1^{-2} 煤层工作面区段煤柱同向依次错距分别为 40m 左右、80m 左右时，煤柱边界裂缝闭合，覆岩内部应力均匀分布，地表沉降均匀。因此，在浅埋近距离煤层群开采过程中，通过合理调整区

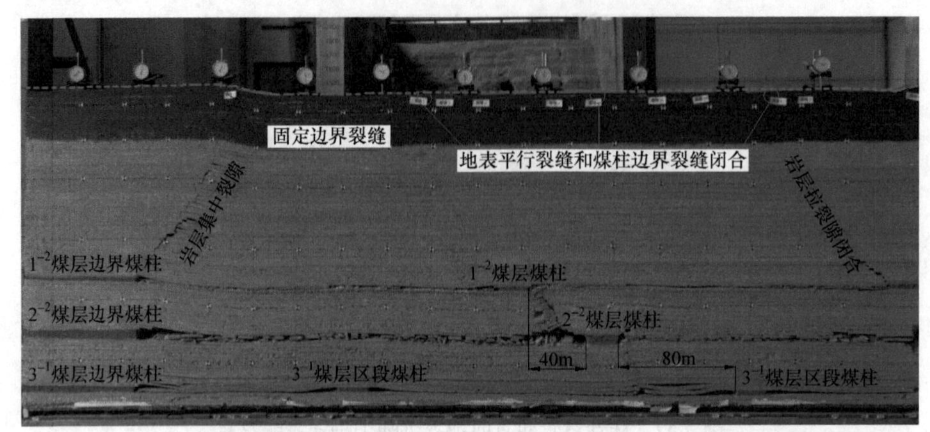

图 3.41 三个煤层区段煤柱错距布置时面间边界裂缝和岩层内水平离层裂隙闭合

段煤柱错距，可以有效地避免地表裂缝过度集中，有效控制重复开采覆岩和地表的不均匀下沉，实现煤层群开采地表均匀沉降，达到井下减压、地表减损的目的。

3.6 本章小结

(1) 1^{-2}煤层工作面初次垮落步距为53m，周期性垮落步距平均为13m，顶板垮落角平均为49°。工作面推进距离为121m时地表达到充分采动，岩层垮落角约为51°，地表最大下沉量为1.7m，最大下沉系数为0.85，下沉曲线为W形。

(2) 2^{-2}煤层工作面初次垮落步距为65m，周期性垮落步距平均为20m，顶板回转角约为10°。工作面推进距离为130m时地表达到充分采动，顶板回转角约为10°。地表最大下沉增量为3.95m，下沉增量系数为0.79。2^{-2}煤层开采结束后，地表最大下沉量为5.03m，地表累计下沉系数为0.72，地表W形下沉曲线变缓。

(3) 3^{-1}煤层工作面初次垮落步距为60m，周期性垮落步距平均24m。开采结束后，地表最大下沉增量为3.58m，最大下沉增量系数为1.20，下沉量大于3^{-1}煤层厚度，主要位于煤柱影响区。三层煤开采后，地表最大下沉量为7.8m，地表累计下沉系数为0.78。三个煤层工作面合理错距布置后，地表呈现平坦的下沉盆地，煤柱边界裂缝基本消除。

(4) 覆岩裂隙主要为边界裂缝(隙)和垮落区内的离层裂缝(隙)，离层裂缝随开采闭合，覆岩内的边界裂缝发育至地表形成地表边界裂缝。工作面煤壁上方的地表裂缝随开采周期性出现，并在下沉盆地内减弱或闭合，工作面区段煤柱边界裂缝是地表裂缝控制的主要目标。

(5) 浅埋近距离煤层群开采煤柱群结构效应对覆岩裂缝及地表沉降影响较大，区段煤柱是覆岩应力集中、地表不均匀沉降与裂隙发育集中的根源。合理利用煤柱群结构效应，能够使覆岩均匀沉降，降低覆岩及地表裂缝发育程度。

第 4 章　浅埋近距离煤层群开采应力场、位移场与裂隙场演化规律

浅埋近距离煤层群开采存在两大问题：一是上煤层遗留区段煤柱集中应力导致下煤层巷道维护困难；二是地层累积不均匀沉降导致覆岩和地表裂隙(缝)集中发育。有效解决以上问题，成为浅埋近距离煤层群安全、高效、减损开采的关键。根据物理相似材料模拟研究，覆岩和地表拉裂隙(缝)主要源于地层非均匀沉降，非均匀沉降导致覆岩和地表出现拉应力区，形成拉裂缝。为揭示煤层群开采覆岩应力场、位移场和裂隙场耦合作用机理，采用 UDEC 和 FLAC3D 软件数值模拟不同倾向煤柱群结构和走向工作面布置时的覆岩应力场、裂隙场和位移场演化规律，揭示应力场(煤柱集中应力场和地表拉应力场)、位移场和裂隙场(覆岩和地表裂缝场)的耦合作用机理，为实现井下减压和地表减损耦合控制提供依据。

4.1　不同工作面布置方式围岩破坏特征与应力演化规律

4.1.1　UDEC 数值模型的建立

UDEC 是一款基于离散单元理论的非连续性介质力学模拟软件，能够较为直观地模拟覆岩垮落结构形态和裂隙发育特征，在岩土、采矿等工程领域得到了广泛应用。本节采用 UDEC 软件模拟开采覆岩和地表破坏特征。

以柠条塔煤矿北翼东区工作面开采条件为工程背景，模型中 1^{-2} 煤层工作面采高为 2.0m，埋深为 123m；2^{-2} 煤层采高为 5.0m，双煤层间距为 33.0m。根据 NBK26 号钻孔数据构建 UDEC 模型，模型为 630m×260m 的平面应变模型，采用莫尔-库仑(Mohr-Coulomb)强度准则。根据煤岩物理参数对模型进行赋值，见表 4.1。模型计算平衡曲线和原岩应力分别如图 4.1 和图 4.2 所示。

表 4.1　主要煤岩物理参数

岩性	厚度/m	容重/(kN/m³)	抗压强度/MPa	抗拉强度/MPa	内聚力/MPa	内摩擦角/(°)	体积模量/MPa	剪切模量/MPa
红土	42.00	18.6	0.29	0.030	0.77	36.0	1146	382
砂质泥岩	14.76	25.6	34.7	0.769	1.15	41.0	750	450
粉砂岩	21.55	24.2	31.9	0.203	0.65	38.0	560	229

续表

岩性	厚度/m	容重/(kN/m³)	抗压强度/MPa	抗拉强度/MPa	内聚力/MPa	内摩擦角/(°)	体积模量/MPa	剪切模量/MPa
中粒砂岩	28.75	21.6	35.3	0.260	0.80	44.5	1269	620
粉砂岩	6.70	24.2	31.9	0.203	0.65	38.0	560	229
中粒砂岩	9.96	23.3	40.6	0.559	1.50	44.0	1477	761
1^{-2}煤层	1.89	12.9	15.7	0.289	1.10	37.5	640	330
细粒砂岩	9.40	22.7	29.6	0.500	1.50	42.0	998	488
粉砂岩	3.80	24.4	36.0	0.234	0.90	40.0	829	383
细粒砂岩	5.90	23.4	48.5	0.694	1.90	42.5	1180	641
粉砂岩	1.00	24.0	45.3	0.234	1.20	41.0	770	355
细粒砂岩	13.16	23.0	45.6	0.708	2.20	41.5	1531	832
2^{-2}煤层	4.60	13.4	13.8	0.328	1.20	37.0	612	333
粉砂岩	3.54	23.4	20.5	0.043	0.15	37.5	141	510
细粒砂岩	8.70	22.8	39.1	0.810	2.20	42.0	2628	1428
粉砂岩	2.40	24.0	42.5	0.275	0.70	40.0	310	135
细粒砂岩	11.70	23.5	47.5	0.799	2.40	43.0	1907	1036
中粒砂岩	6.90	22.6	41.9	0.864	2.50	44.0	1885	1077
粉砂岩	3.45	24.0	46.3	0.536	1.80	41.0	1526	787
3^{-1}煤层	2.74	12.7	10.9	0.403	1.10	36.5	587	286
细粒砂岩	3.36	23.3	43.1	0.810	2.00	43.0	2159	1296
粉砂岩	5.63	23.4	20.5	0.043	0.15	37.5	141	510

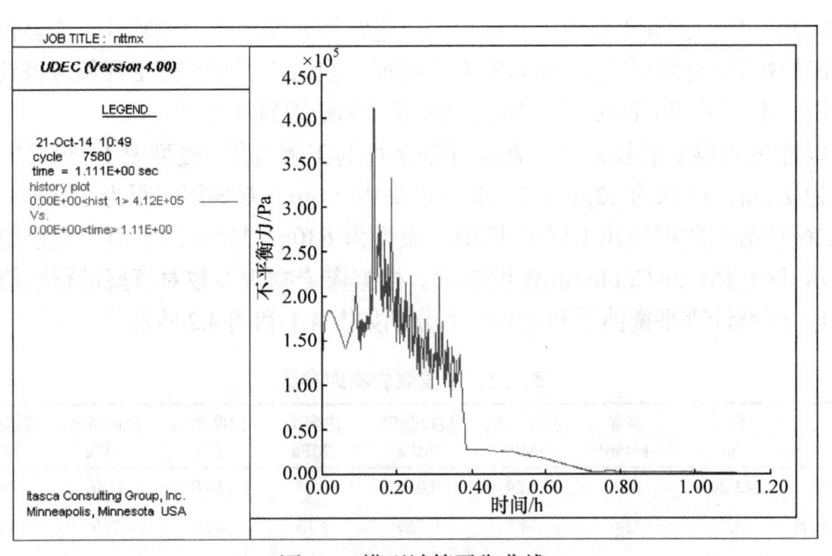

图 4.1 模型计算平衡曲线

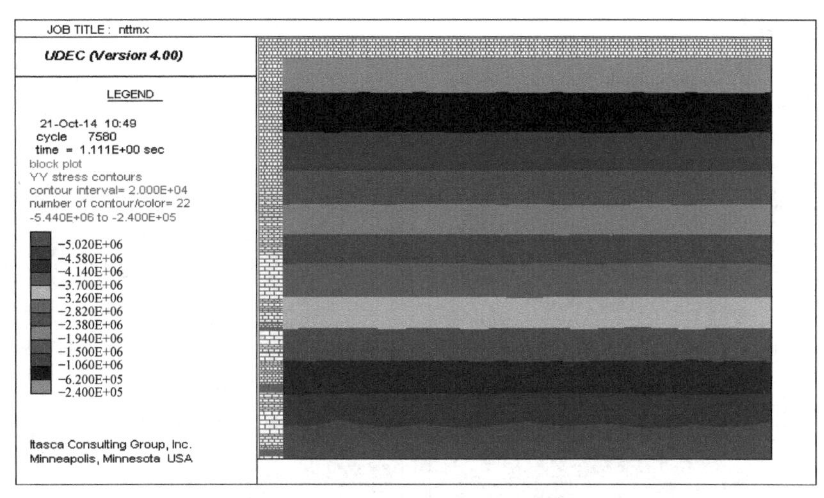

图 4.2　模型计算平衡后原岩应力图

4.1.2　双煤层开采不同区段煤柱错距的围岩破坏特征及地表沉降规律

1. 模拟方案设计

模型左边留设 60m 边界，1^{-2} 煤层工作面采高 2m，每步开挖 4m，工作面宽度 245m。先开挖左侧工作面，留设 20m 煤柱后，再开挖右侧工作面。1^{-2} 煤层开采达到充分采动后，在 2^{-2} 煤层左侧留设 60m 边界，进行 2^{-2} 煤层的回采，采高 5m。分别模拟 2^{-2} 煤层工作面区段煤柱与 1^{-2} 煤层遗留煤柱重叠布置和错距 0m、10m、20m、30m、40m、50m 布置，共 7 个工况。考虑间隔岩层厚度对错距的影响，引入一个新参量——错隔比(错距与间隔岩层厚度之比)，则 6 种错距布置工况的错隔比分别为 0、0.3、0.6、0.9、1.2、1.5，不同煤柱错距如图 4.3 所示。

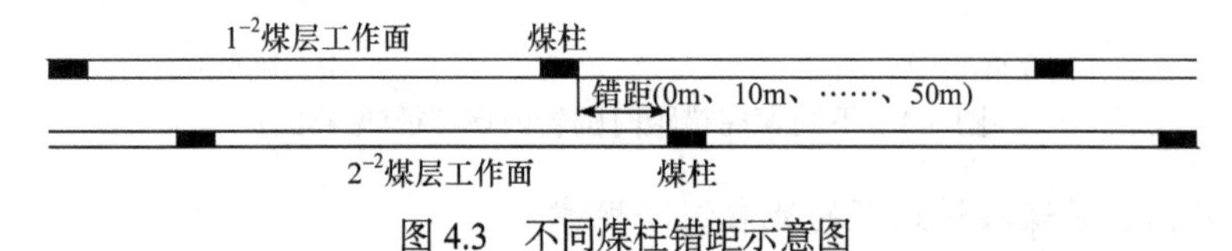

图 4.3　不同煤柱错距示意图

2. 不同区段煤柱错距的围岩破坏特征

通过 UDEC 数值模拟得出不同煤柱错距的破坏特征，如图 4.4 所示。分析可得：当上下煤柱错距小于 20m 时，下煤柱处于上煤柱增压区内，导致上煤柱与下煤柱出现贯通破坏区，下煤层煤柱破坏严重；当上下煤柱错距在 30～40m 时，随煤柱错距增加，上煤柱底板破坏区与下煤柱顶板破坏区逐渐分离，应力叠加区域逐渐减小；当错距为 40m 时，下煤层顶板垮落，巷道处于减压区；当上下煤柱错距 50m 时，下煤层区段煤柱处于上煤层采空区的压实区，下煤层区段煤柱集中应力有所上升。

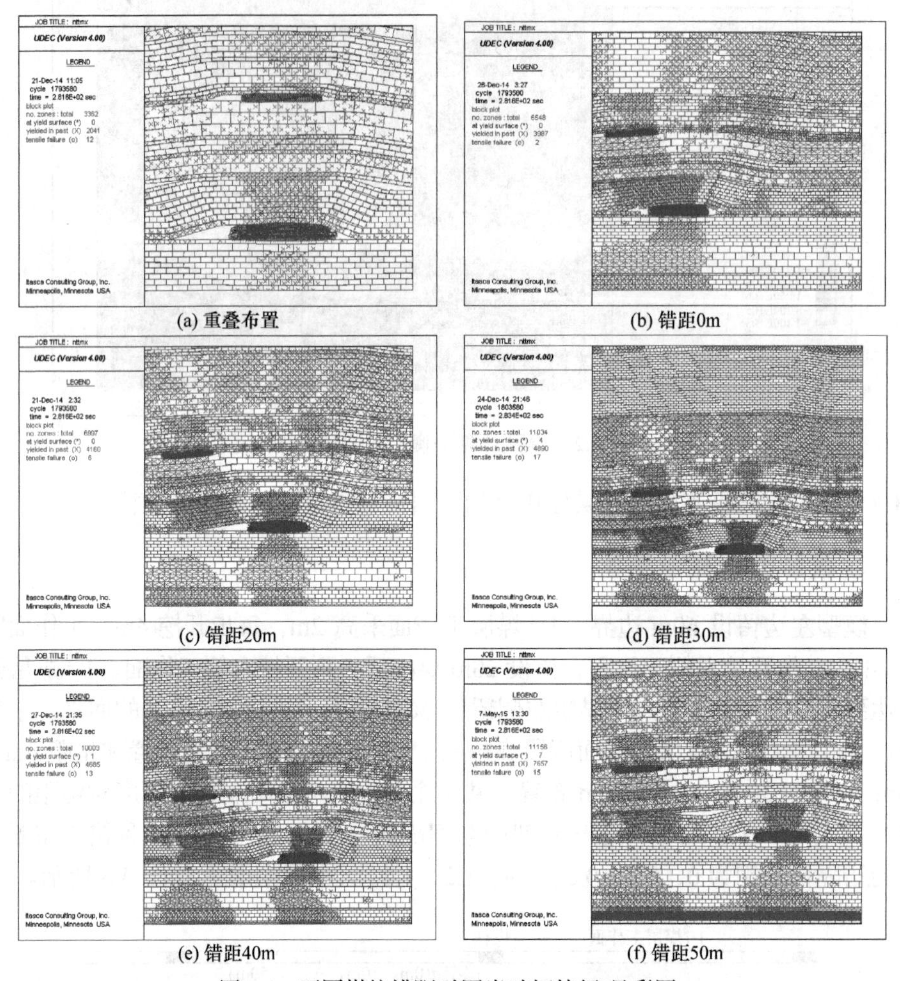

(a) 重叠布置　(b) 错距0m

(c) 错距20m　(d) 错距30m

(e) 错距40m　(f) 错距50m

图 4.4　不同煤柱错距时围岩破坏特征(见彩图)

3. 不同区段煤柱错距下的地表沉降规律

模拟得出 2^{-2} 煤层工作面区段煤柱与 1^{-2} 煤层工作面遗留煤柱重叠布置、错距 0m、10m、20m、30m、40m、50m 时的地表下沉量，如图 4.5 所示。

(1) 开采 1^{-2} 煤层时，地表最大下沉量位于工作面中部，最小下沉量位于煤柱正上方，最大下沉量为 1.6m，最小下沉量为 0.5m，形成 W 形下沉曲线。

(2) 当 2^{-2} 煤层工作面重叠布置或煤柱错距 0m 时，地表的最大下沉量为 5.9m，煤柱左右地表下沉起伏和挠度最大，煤柱两侧地表拉裂缝集中，呈现明显的 W 形下沉曲线。

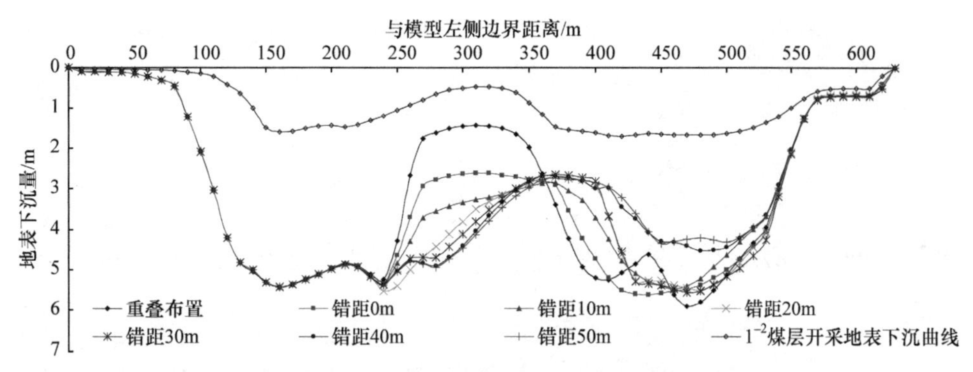

图 4.5　不同煤柱错距下的地表下沉量

(3) 随着错距的增加，地表盆地的下沉梯度(挠度)逐步减小，当煤柱错距大于 40m 后，2^{-2} 煤层开采后地表下沉落差减小，地表均匀下沉。

(4) 当煤柱错距为 40m 时，1^{-2} 煤层与 2^{-2} 煤层开采后地表下沉平缓，同时煤柱应力处于最低状态，有效减缓地表损害，降低了井下煤柱应力，存在最佳错隔比。最佳错距与间隔岩层厚度和性质有关，根据实验可得最佳错距为 40m，最佳错隔比为 1.2。

4. 不同煤柱错距下的覆岩裂隙场演化规律

通过 UDEC 数值计算，得到不同错距的裂隙场演化规律，如图 4.6 所示。

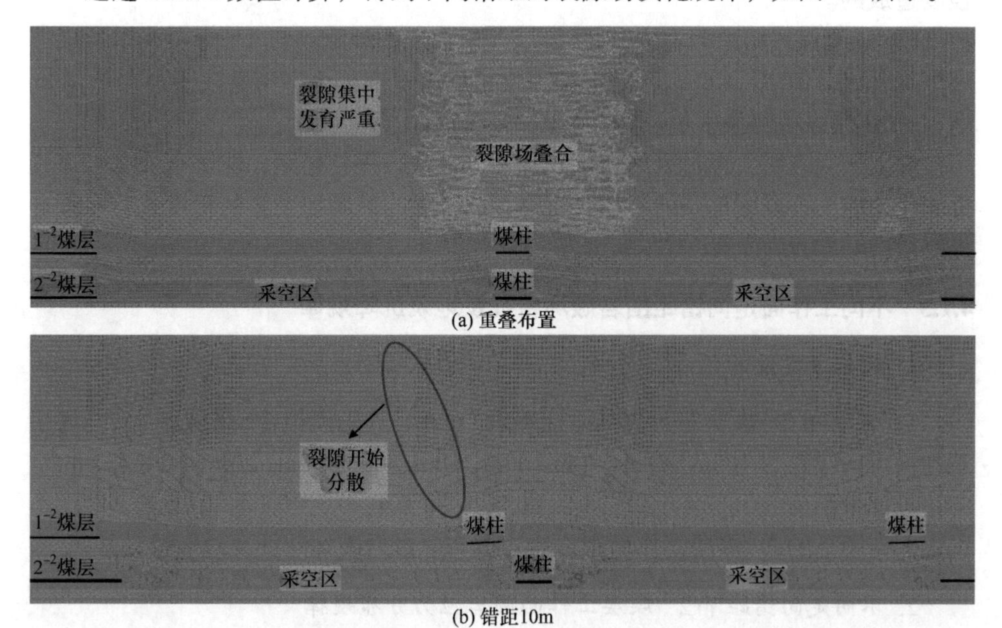

(a) 重叠布置

(b) 错距10m

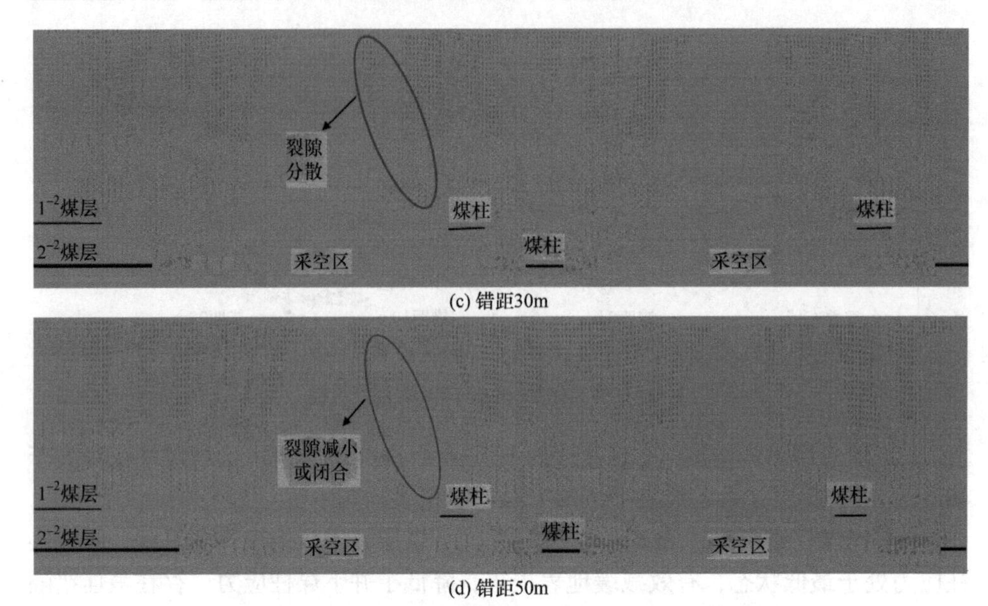

(c) 错距30m

(d) 错距50m

图 4.6　不同区段煤柱错距覆岩裂隙场演化规律(见彩图)

(1) 煤柱错距小于 10m 时，2^{-2} 煤层开采形成的裂隙场与原 1^{-2} 煤层开采形成的裂隙场叠合，裂隙沿双煤层区段煤柱两侧集中发育，地表出现明显裂缝，采空区覆岩裂隙不发育。可见，煤柱两侧覆岩裂隙和地表裂缝是拉应力超过覆岩抗拉强度造成的。

(2) 随着煤柱错距的增大，2^{-2} 煤层开采形成的裂隙场与 1^{-2} 煤层开采形成的裂隙场开始分散[图 4.6(c)]，集中裂隙发育程度逐渐减小；当煤柱错距大于 40m 后，1^{-2} 煤层煤柱侧集中裂隙在 2^{-2} 煤层开采后明显减小。

综上研究表明，通过采用合理的上下煤层区段煤柱错距，能够有效减轻煤柱叠置集中应力，减缓地层的不均匀沉降，降低覆岩裂隙场发育的程度，存在耦合控制效应。

4.1.3　不同工作面走向错距围岩破坏特征及地表沉降规律

1. 模拟方案设计

1^{-2} 煤层和 2^{-2} 煤层左侧边界煤柱宽度 100m，分别模拟 2^{-2} 煤层滞后 1^{-2} 煤层工作面走向错距为 100m、80m、70m、60m、50m、40m、30m、20m、10m 和 0m(走向错隔比分别为 3.0、2.4、2.1、1.8、1.5、1.2、0.9、0.6、0.3 和 0)工况，对比不同走向错距下的 2^{-2} 煤层工作面围岩应力分布、覆岩破坏特征及地表移动规律。

2. 不同走向错距下 2^{-2} 煤层工作面围岩应力分布规律

不同走向错距下 2^{-2} 煤层工作面围岩应力演化规律如图 4.7 所示，可以得出以下结论。

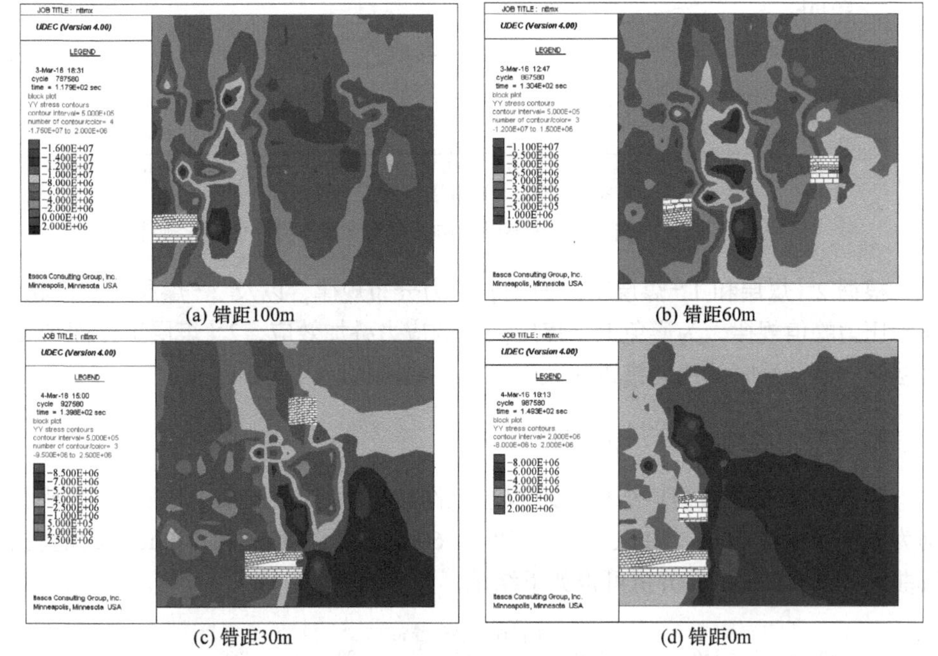

(a) 错距100m　(b) 错距60m

(c) 错距30m　(d) 错距0m

图 4.7　不同走向错距下 2^{-2} 煤层工作面围岩应力演化规律(见彩图)

(1) 1^{-2} 煤层工作面开采后，围岩应力重新分布，工作面煤壁前方形成应力增高区，该区域垂直应力通过煤层传递至底板岩层，对底板岩层的影响呈正八字分布。

(2) 随着 2^{-2} 煤层工作面与 1^{-2} 煤层工作面煤壁走向错距的减小，2^{-2} 煤层工作面受 1^{-2} 煤层工作面开采影响增强。由于 1^{-2} 煤层工作面后方 100m 的采空区已经压实，2^{-2} 煤层工作面滞后 100m(错隔比为 3.0)开采基本不受 1^{-2} 煤层开采应力影响。工作面错距减小为 60～70m(错隔比为 1.8～2.1)时，2^{-2} 煤层工作面围岩应力开始增大。当走向错距小于 30m(错隔比小于 0.9)时，2^{-2} 与 1^{-2} 煤层围岩应力叠加明显，2^{-2} 煤层工作面矿压显现剧烈。

根据模拟结果，上下煤层工作面走向错距为 100m、80m、70m、60m、50m、40m、30m、20m、10m 和 0m 时，2^{-2} 煤层工作面煤壁前方超前支承压力峰值分别为 5.3MPa、6.0MPa、6.7MPa、6.9MPa、7.49MPa、7.85MPa、9.23MPa、10.23MPa、10.82MPa 和 11.38MPa。随着工作面走向错距的减小，2^{-2} 煤层工作面超前支承压力峰值不断增大。不同走向错距下 2^{-2} 煤层工作面超前支承压力峰值演化规律如图 4.8 所示。

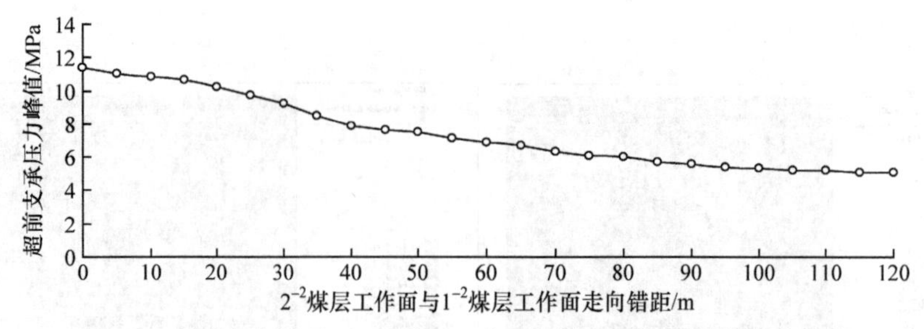

图 4.8　不同走向错距下 2^{-2} 煤层工作面超前支承压力峰值演化规律

根据 2^{-2} 煤层和 1^{-2} 煤层工作面围岩应力分布规律，以及 2^{-2} 煤层工作面超前支承压力峰值规律，为避免上下煤层同采的应力叠加效应，2^{-2} 煤层工作面与 1^{-2} 煤层工作面同采时的走向错距应大于 70m，错隔比应大于 2.1。

3. 不同走向错距地表走向沉降规律

根据 UDEC 数值模拟结果，2^{-2} 煤层工作面与 1^{-2} 煤层同采工作面走向错距分别为 0m、10m、20m、30m、40m、50m、60m、70m、80m 和 100m 时的地表下沉曲线如图 4.9 所示，分析可得如下结论。

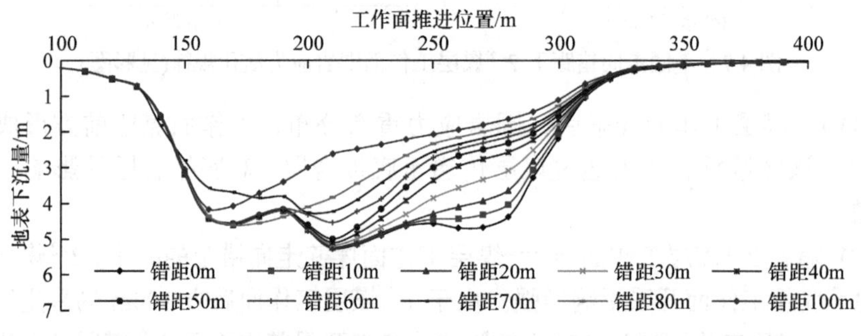

图 4.9　2^{-2} 煤层和 1^{-2} 煤层工作面不同走向错距下地表下沉曲线

(1) 在 2^{-2} 煤层和 1^{-2} 煤层工作面达到充分采动的情况下，不同走向错距的地表最大下沉量基本相同，平均为 5.1m，地表综合下沉系数约为 0.76。

(2) 不同走向错距条件下，推进方向地表下沉盆地边缘的下沉曲线挠度差别较大，即地表平行裂缝的发育程度不同。

(3) 当工作面走向错距小于 40m 时，地表下沉曲线挠度较大，下沉梯度平均为 4.15cm/m，地表受集中拉应力影响显著，地表平行裂缝最大。当走向错距为 50～70m 时，地表下沉曲线挠度有所减小，下沉梯度平均为 3.75cm/m。当走向错距为 80～100m 时，地表下沉曲线挠度很小，下沉梯度平均为 2.63cm/m。

因此，当 2^{-2} 煤层工作面与 1^{-2} 煤层工作面走向错距大于 80m(错隔比大于 2.4)时，能够有效降低上下同采工作面采空区上方地表平行裂缝的发育程度。

4.2　不同煤柱群结构的覆岩三场演化规律

为了揭示浅埋近距离煤层群(三个煤层)开采三维应力场、位移场和裂隙场("三场")的演化规律，充分论证浅埋近距离煤层群应力场、位移场和裂隙场耦合作用机理，采用 FLAC3D 数值模拟软件，研究不同煤柱群结构条件下三维应力场(煤柱集中应力场和地表拉应力场)、覆岩和地表裂隙场、位移场的相互作用关系，揭示煤柱群结构"三场"的耦合作用机理，为建立科学的煤柱群结构分类和减损控制提供依据。

4.2.1　FLAC3D 数值计算模型设计

1. 模型基本参数

采用 FLAC3D 模拟 1^{-2} 煤层、2^{-2} 煤层和 3^{-1} 煤层开采应力场、位移场和裂隙场演化规律。地层厚度和煤岩物理力学参数与 4.1 节一致，模型长×宽×高=1410m×500m×263m，由 549900 个单元、577320 个节点组成，采用 Mohr-Coulomb 准则，构建的 FLAC3D 数值计算模型如图 4.10 所示。

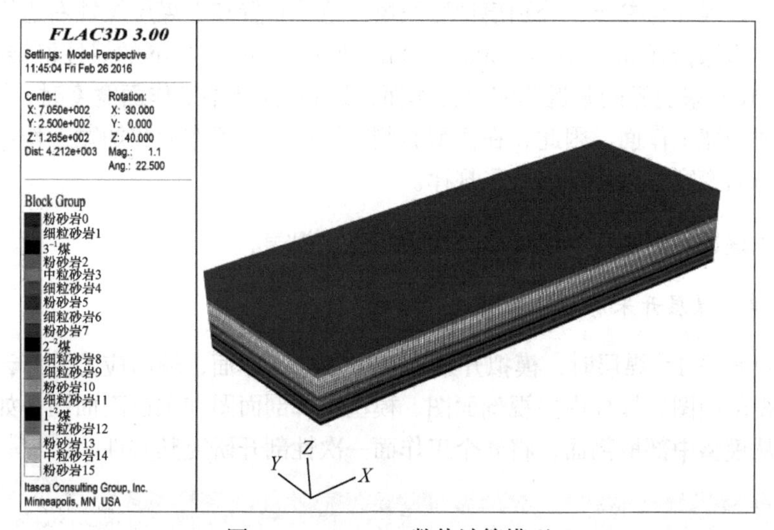

图 4.10　FLAC3D 数值计算模型

2. 数值模拟方案设计

为保证开采达到充分采动，每个煤层至少开采 4 个倾向 245m、推进方向 300m 的工作面。模拟的目的是研究浅埋近距离煤层群煤柱应力场叠加演化规律，明确重复开采地表拉应力场与位移场协同作用关系，揭示浅埋近距离煤层群开采地表沉陷与变形演化规律。

模拟的方案设计如下。

(1) 为了消除模型边界因素的影响，模型四周至少留设 100m 宽的边界煤柱。每个煤层开挖 4 个完整的工作面，每个工作面宽 245m，工作面间区段煤柱宽度为 20m，推进方向 300m，工作面开采顺序是从右向左。1^{-2} 煤层 4 个完整工作面布置如图 4.11 所示。

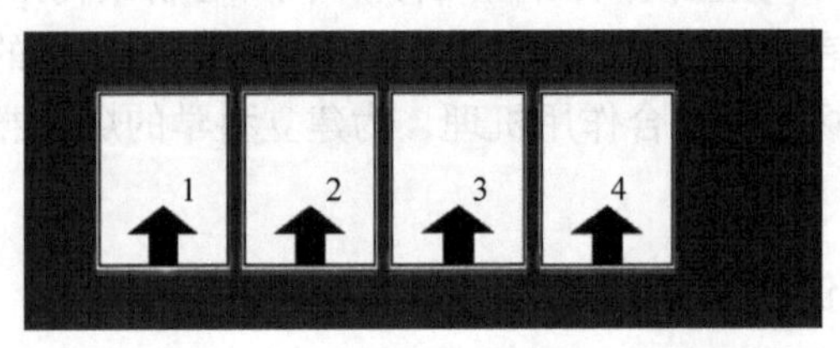

图 4.11　1^{-2} 煤层 4 个完整工作面

(2) 首先对 1^{-2} 煤层开采进行模拟，掌握上部煤层开采后遗留煤柱应力场与地表变形规律；其次模拟 2^{-2} 煤层与 1^{-2} 煤层不同煤柱群结构下的应力场与位移场演化规律；最后，模拟两个煤层工作面开采后 3^{-1} 煤层工作面的合理布置方式。

(3) 变换上下煤层工作面错距，进行 8 次上下工作面不同区段煤柱错距的模拟。以区段煤柱为参照，分别模拟区段煤柱重叠布置和上煤层煤柱右边缘与下煤层煤柱左边缘错开 0m、10m、30m、50m、70m、90m、110m 的煤柱群结构效应。

(4) 在开采边界的附近非完整工作面，或者需要调整工作面宽度时，会存在窄工作面或加宽工作面。因此，在模型右侧布置部分窄工作面和加宽工作面，用以模拟工作面变宽度条件下的开采规律。

4.2.2　浅埋近距离煤层群煤柱叠加应力场演化规律

1. 单一煤层开采煤柱应力传递规律

当只开采 1^{-2} 煤层时，模拟开采了 4 个完整工作面，输出应力分布云图，分别为俯视剖面图、煤柱内左视剖面图、模型内部剖面图和主视剖面图，如图 4.12 所示。从模型中部取剖面，将 4 个工作面一次性剖开研究其共性。

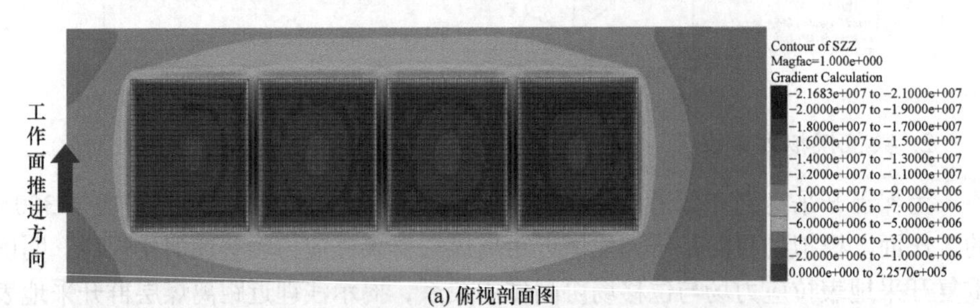

(a) 俯视剖面图

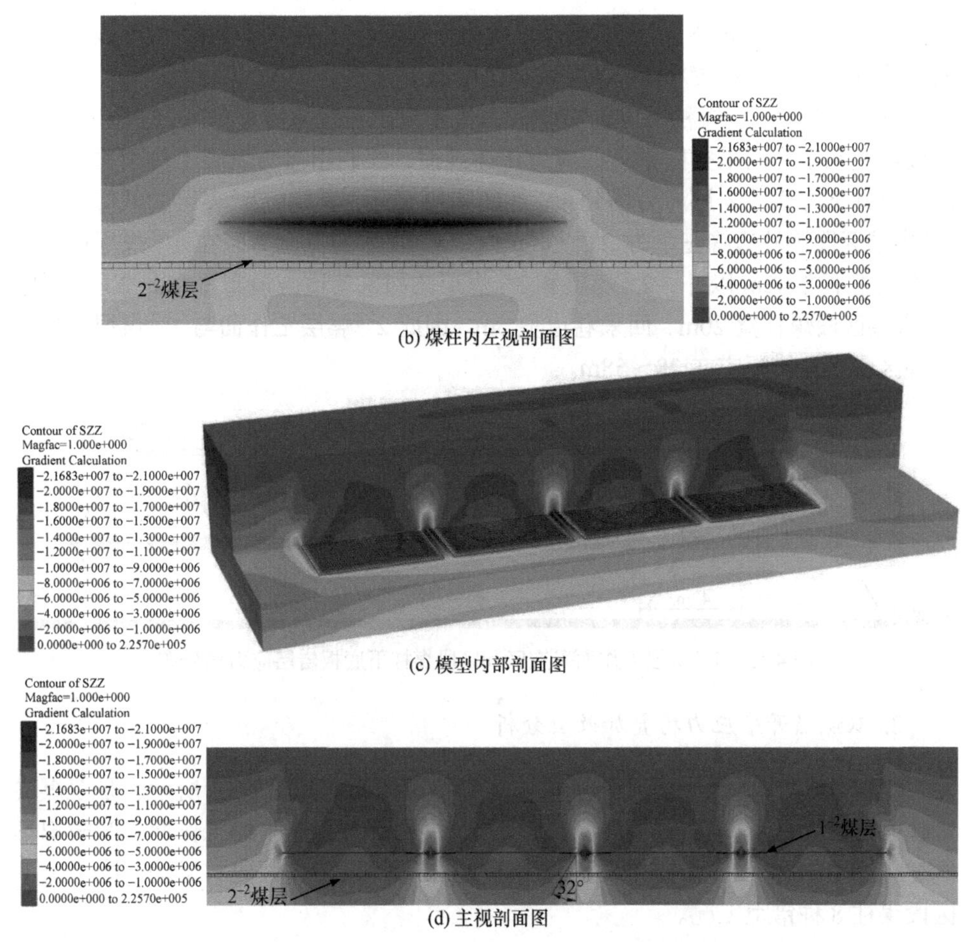

(b) 煤柱内左视剖面图

(c) 模型内部剖面图

(d) 主视剖面图

图 4.12　1^{-2}煤层 4 个工作面围岩应力分布剖面云图

应力单位为 Pa；黑色网格线为工作面和 2^{-2}煤层的位置

由图 4.12 可得以下结论。

(1) 1^{-2}煤层开采前的原岩应力为 4.2MPa。4 个工作面开采后，区段煤柱中心处的最大应力为 22.0MPa，应力集中系数最大，为 5.2。煤柱应力呈马鞍形分布，为稳定煤柱典型特征，表明 1^{-2}煤层工作面区段煤柱宽度 20m 是稳定的。

(2) 图 4.12(a)表明 1^{-2}煤层区段煤柱中部应力高，而两端应力较小。

(3) 由图 4.12(b)可知，煤柱在底板的应力传递呈中间大、两端小分布。2^{-2}煤层处的原岩应力为 5.0MPa，1^{-2}煤层区段煤柱传导下来的应力集中系数为 2.0。两侧的应力集中系数在 1～2。

(4) 根据图 4.12(d)，煤柱在底板的集中压力传递呈现正八字形扩散，角度为 32°。正八字形影响区内的应力都大于原岩应力，2^{-2} 煤层工作面回采巷道应该避开此压力增高区。此外，1^{-2} 煤层开采覆岩压实区位于采空区中部，2^{-2} 煤层工作面回采巷道也不宜布置在 1^{-2} 煤层采空区中部下方。

(5) 1^{-2} 煤层区段煤柱下方的集中应力传递规律和载荷传递分区。综合 1^{-2} 煤层区段煤柱和工作面采空区下方的应力传递规律，绘制出 1^{-2} 煤层工作面采空区和区段煤柱下方底板岩层应力场分布，如图 4.13 所示。其中，2^{-2} 煤层的低应力区在 1^{-2} 煤层区段煤柱边缘正下方 23～58m 内，3^{-1} 煤层的低应力区在 1^{-2} 煤层区段煤柱边缘正下方 42m 以外，2^{-2} 煤层和 3^{-1} 煤层的回采巷道应该布置在此减压区内。2^{-2} 煤层区段煤柱宽 20m，回采巷道宽 5m，因此 2^{-2} 煤层工作面与 1^{-2} 煤层工作面合理区段煤柱错距应在 28～58m。

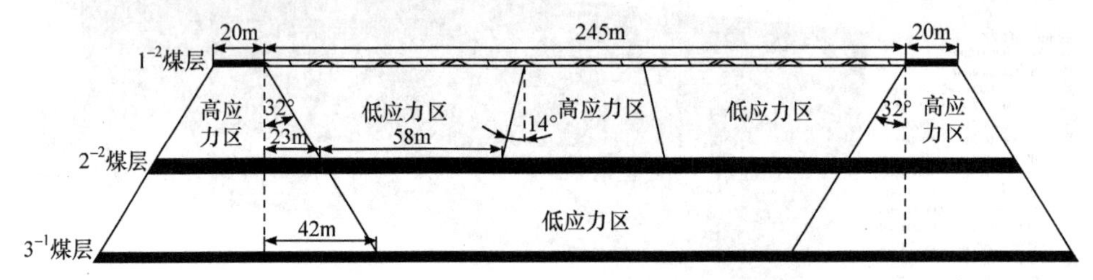

图 4.13　1^{-2} 煤层工作面采空区和区段煤柱下底板岩层应力场分布

2. 双煤层开采应力场叠加效应分析

模拟 1^{-2} 和 2^{-2} 煤层协同开采共 8 个完整工作面，如图 4.14 所示，是双煤层工作面区段煤柱重叠布置的状态，图中黑色网格部分为开采的工作面。为模拟不同煤柱错距布置，1^{-2} 煤层工作面位置不变，2^{-2} 煤层工作面向右错动，模拟上下区段煤柱 8 种错距工况。

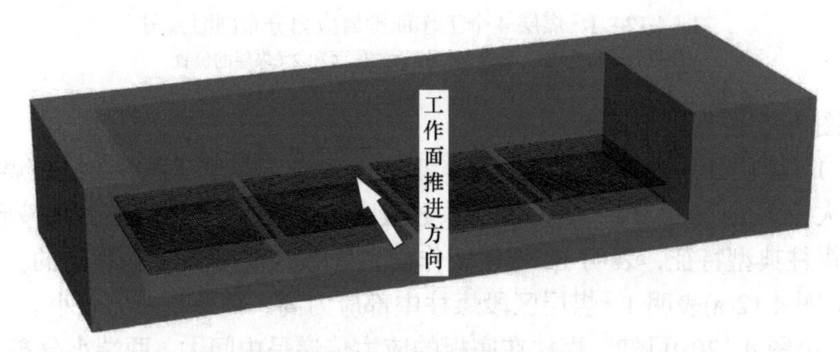

图 4.14　1^{-2} 煤层和 2^{-2} 煤层同时开采 8 个完整工作面

分别模拟区段煤柱重叠布置和上煤层煤柱右边缘与下煤层煤柱左边缘错开 0m、10m、30m、50m、70m、90m、110m 的工况。1^{-2} 和 2^{-2} 煤层煤柱错开后，模型左侧工作面模拟北翼东区 1^{-2} 煤层工作面已经开采、2^{-2} 煤层工作面还没有开采的情况，模型右侧工作面错动后的工作面用来模拟盘区边界的开采情况。2^{-2}煤层工作面开采方向和 1^{-2}煤层工作面一致。

采用 FLAC3D 数值计算得到的 8 个不同区段煤柱错距模型应力云图见图 4.15，可以根据高应力场位置及应力值选择最优的工作面区段煤柱错距。

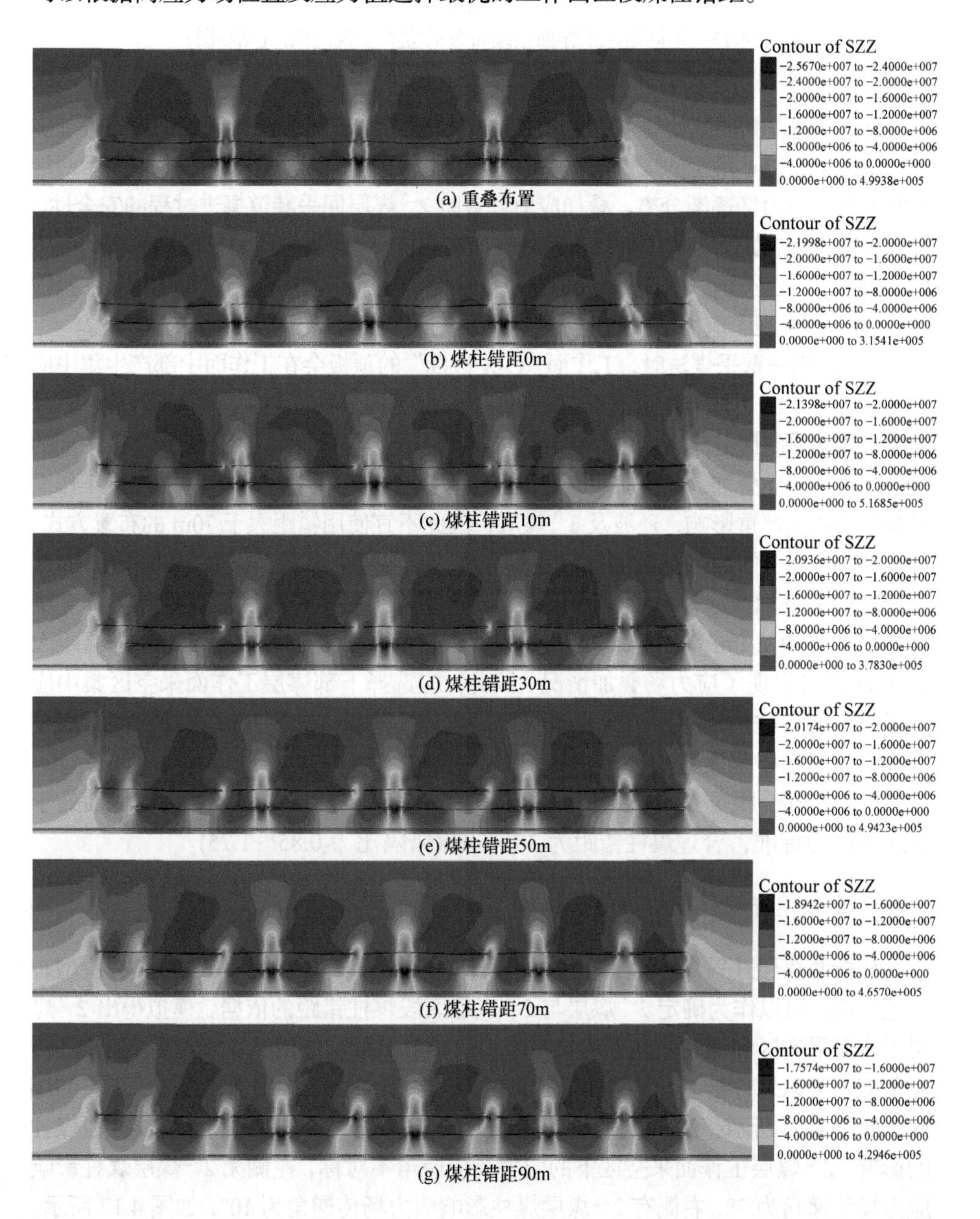

(a) 重叠布置

(b) 煤柱错距0m

(c) 煤柱错距10m

(d) 煤柱错距30m

(e) 煤柱错距50m

(f) 煤柱错距70m

(g) 煤柱错距90m

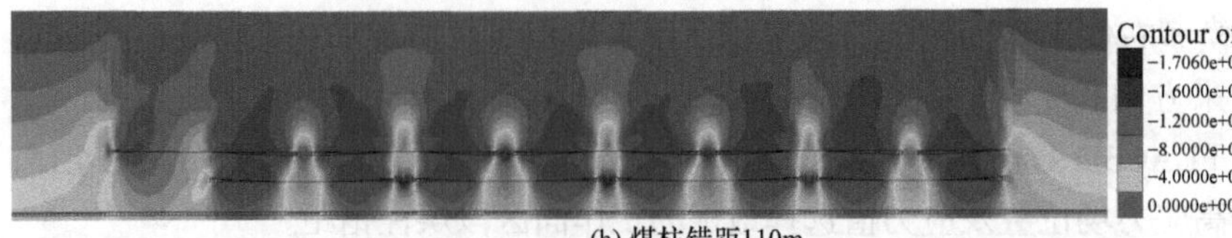

(h) 煤柱错距110m

图 4.15　不同错距工作面接续布置的应力主视剖面图(见彩图)

应力单位为 Pa；黑色网格线为 1^{-2} 煤层工作面、2^{-2} 煤层工作面和 3^{-1} 煤层工作面的位置

(1) 模型左侧煤壁处的集中应力主要由 1^{-2} 煤层和 2^{-2} 煤层煤壁集中应力叠加引起。错距 0～10m 模型的煤壁内集中应力场出现了叠加情况，错距大于 30m 后两层煤壁的集中应力场逐渐分离。叠加应力场威胁 2^{-2} 煤层回采巷道掘进过程的安全性，因此不宜使用错距为 0～10m 的布置方式。左侧 1^{-2} 煤层集中应力扩散到底板的应力场范围较大，已经延续到 3^{-1} 煤层，对下部煤层安全开采的影响不能忽视，且在错距大于 70m 时出现了应力增大的现象，因此不宜使用错距大于 70m 的布置方式。

(2) 使用长壁采煤法时，工作面“O-X 破断”的顶板会在工作面中部产生集中应力场。由图 4.15 可知，错距大于 50m 的 1^{-2} 煤层区段煤柱下集中应力场逐渐接近 2^{-2} 煤层工作面采空区处集中应力，错距为 70m 时，开始与 2^{-2} 煤层工作面采空区中部的集中应力场产生叠加，且叠加应力场迅速增大。叠加集中应力不但对 2^{-2} 煤层工作面安全开采产生严重影响，还波及 3^{-1} 煤层，因此不宜使用错距大于 70m 的布置方式。

(3) 由于工作面采空区中部存在集中应力，当两个煤层工作面中部接近时，就会产生应力叠加效应。由图 4.15 可知，随着下部煤层工作面区段煤柱与上部煤层区段煤柱错距从 0m 增加至 50m，2^{-2} 煤层工作面中的叠加应力逐渐减小，错距大于 70m 后又出现了应力场叠加情况。因此，应选择下部煤层工作面采空区集中应力尽量小的煤柱错距模型。研究表明，最优错距应该在 0～70m 选择，使下煤层工作面应力集中程度最小。

综上分析，根据 1^{-2} 煤层开采后底板应力场分布规律，以 2^{-2} 煤层工作面处于低应力区为标准，合理煤柱错距为 28～58m(错隔比为 0.85～1.75)。

3. 双煤层开采煤柱应力叠加规律

分析两煤层开采煤柱叠加应力，错隔比为 0.9～1.5(错距为 30～50m)的模型有一定共性，可以作为确定 3^{-1} 煤层与 2^{-1} 煤层区段煤柱错距的依据。模拟得出 2^{-2} 煤层工作面采空区和煤柱底板下的集中应力呈梯形扩散，作用于 3^{-1} 煤层。测量其传递角度，可以划分出 3^{-1} 煤层顶板的高应力区和低应力区，用于布置 3^{-1} 煤层的煤柱。如图 4.16 所示，2^{-2} 煤层煤柱下的应力场传递角为 33°。由于 1^{-2} 煤层区段煤柱的影响，2^{-2} 煤层工作面采空区下的应力场传递角不对称，左侧无 2^{-2} 煤层煤柱影响应力场传递角为 7°，右侧有 2^{-2} 煤层煤柱影响应力场传递角为 10°，如图 4.17 所示。

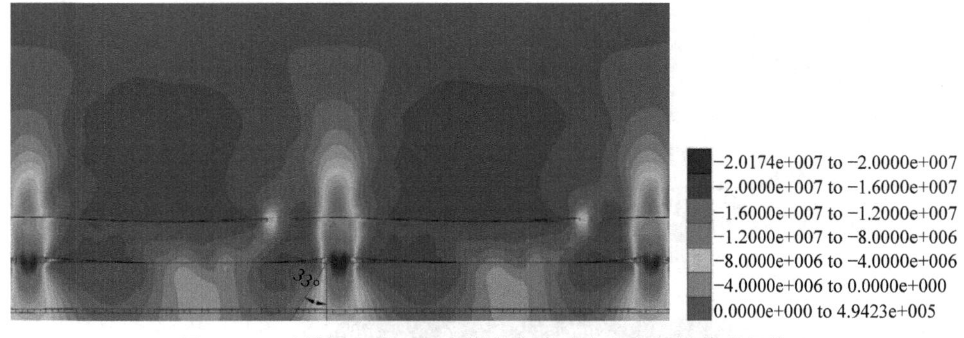

图 4.16　2^{-2} 煤层工作面区段煤柱集中应力在底板的传递规律

应力单位为 Pa

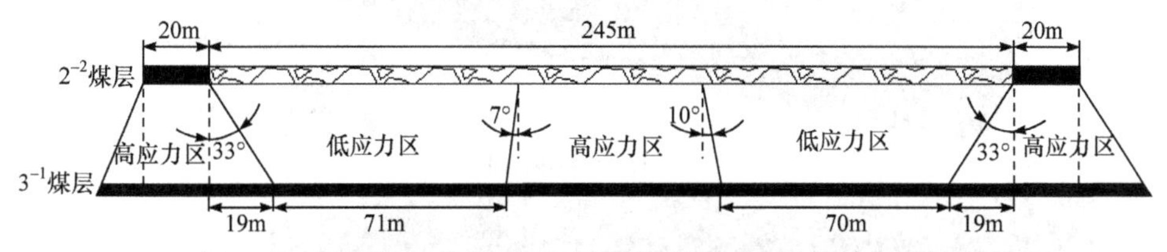

图 4.17　2^{-2} 煤层工作面采空区和区段煤柱下底板岩层应力分布

3^{-1} 煤层工作面区段煤柱宽度为 20m，回采巷道宽度为 5m，预测左侧 3^{-1} 煤层煤柱与 2^{-2} 煤层煤柱边缘错距为 24～65m。根据图 4.17 分析，1^{-2} 煤层煤柱下应力场扩散影响到 3^{-1} 煤层，煤柱正下方 42m 以内可能出现高应力区。因此，为了防止结构性失稳，3^{-1} 煤层的回采巷道及区段煤柱应布置在 2^{-2} 煤层区段煤柱集中应力影响之外的低应力区。

4.2.3　浅埋近距离煤层群开采地表拉应力及地表拉裂缝规律

1. 1^{-2} 煤层开采地表应力场与地表拉裂缝的关系

模拟开采了 1^{-2} 煤层 4 个完整工作面，输出地表拉应力场与破坏区(拉裂缝区)分布图，图 4.18(a)、(b)、(c)和(d)分别为地表倾向(X 方向)拉应力场、地表走向(Y 方向)拉应力场、破坏区整体视图和俯视图。分析 1^{-2} 煤层开采地表破坏情况，可以得出以下结论。

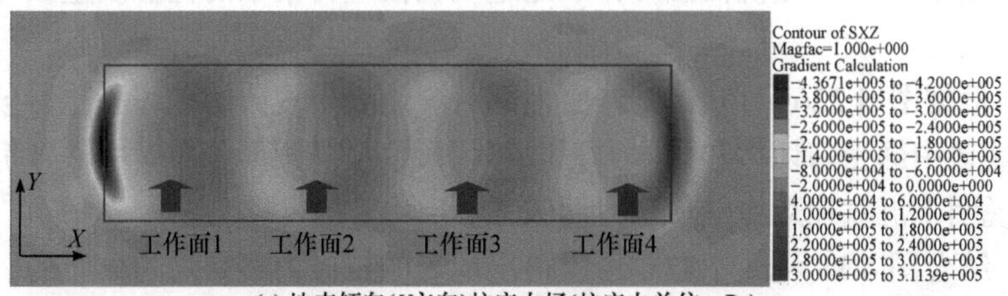

(a) 地表倾向(X方向)拉应力场(拉应力单位：Pa)

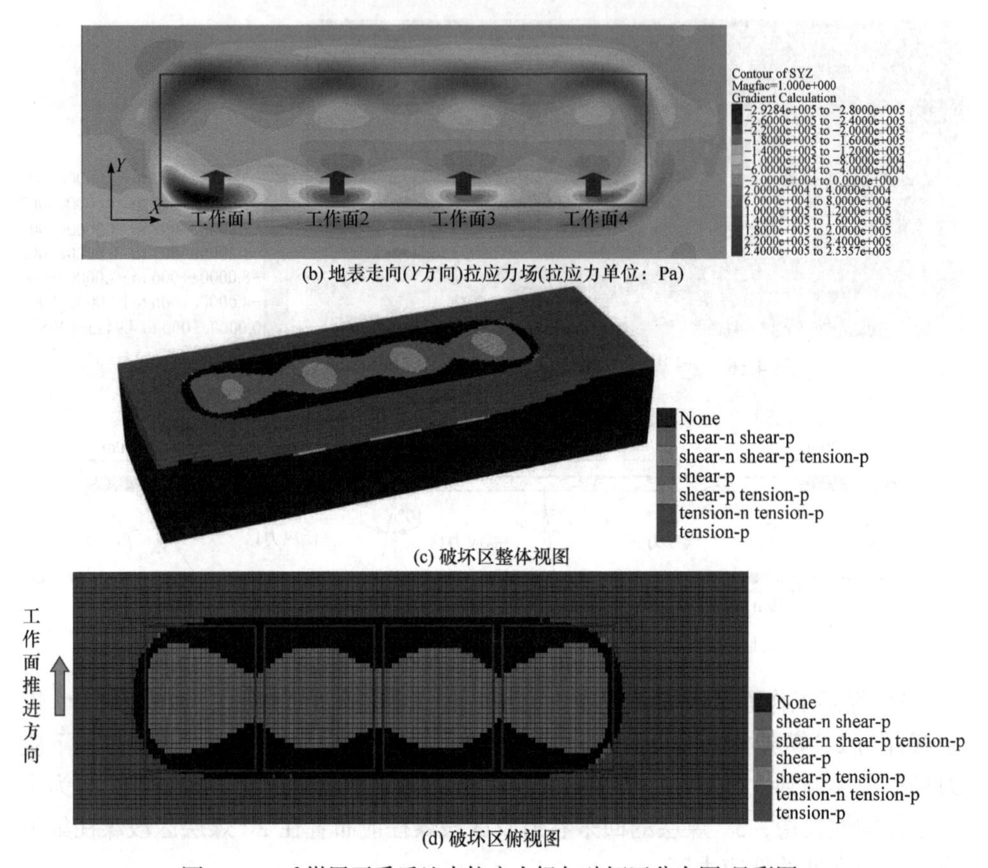

(b) 地表走向(Y方向)拉应力场(拉应力单位：Pa)

(c) 破坏区整体视图

(d) 破坏区俯视图

图 4.18　1^{-2}煤层开采后地表拉应力场与破坏区分布图(见彩图)

(a)、(b)和(d)中方框内为工作面在地表的对应范围；None 表示未破坏；shear-n 表示当前循环剪切破坏；shear-p 表示以前循环剪切破坏；tension-n 表示当前循环拉伸破坏；tension-p 表示以前循环拉伸破坏

(1) 根据图 4.18(a)和(b)地表拉应力场可知，地表拉应力场主要存在于工作面边缘对应地表的位置，且应力方向都指向工作面内部。环形拉应力场在煤柱处被分割，每个集中应力场宽度小于工作面倾斜宽度。

(2) FLAC3D 模拟连续性介质，因此地表不会出现裂隙。地表出现非均匀分布的拉应力场，使地表出现不同程度的损伤。开采区对应的地表存在集中拉应力，集中拉应力大于红土层抗拉强度，于是地表在拉应力集中的位置发生破坏并产生裂隙。

(3) 根据图 4.22(d)可知，工作面内部对应地表出现剪切破坏和拉伸破坏，说明下沉盆地中部受剪切力和拉伸力，破坏区大致呈椭圆形分布。中心外都是剪切破坏，说明下沉盆地边缘受剪切力而破坏。

(4) 结合图 4.18 和图 2.22，可以得出地表的拉应力不是均匀分布的，存在一定的拉应力集中，于是地表在拉应力集中的位置产生裂隙。拉应力集中位置主要在煤柱对应地表区域，导致地表对应位置产生拉裂缝，如图 2.22 中实测裂缝分布，证明数值模拟结果与实际情况相吻合。

综合分析可得，煤柱对地表破坏的影响较大。工作面范围以内对应地表主要是剪切破坏，工作面范围以外和遗留煤柱位置对应地表主要是拉伸破坏。

2. 1^{-2} 煤层和 2^{-2} 煤层开采地表应力场与地表裂隙关系

1) 工作面倾向(*X* 方向)地表拉应力场

2^{-2} 煤层工作面与 1^{-2} 煤层工作面不同区段煤柱错距下的地表倾向(*X* 方向)拉应力场演化规律如图 4.19 所示。为模拟不同区段煤柱错距的布置方式，保持 1^{-2} 煤层工作面不动，2^{-2} 煤层工作面向右移动，得到错距分别为 0m、10m、30m、50m、70m、90m、110m 时 7 种不同区段煤柱错距下的倾向拉应力场。

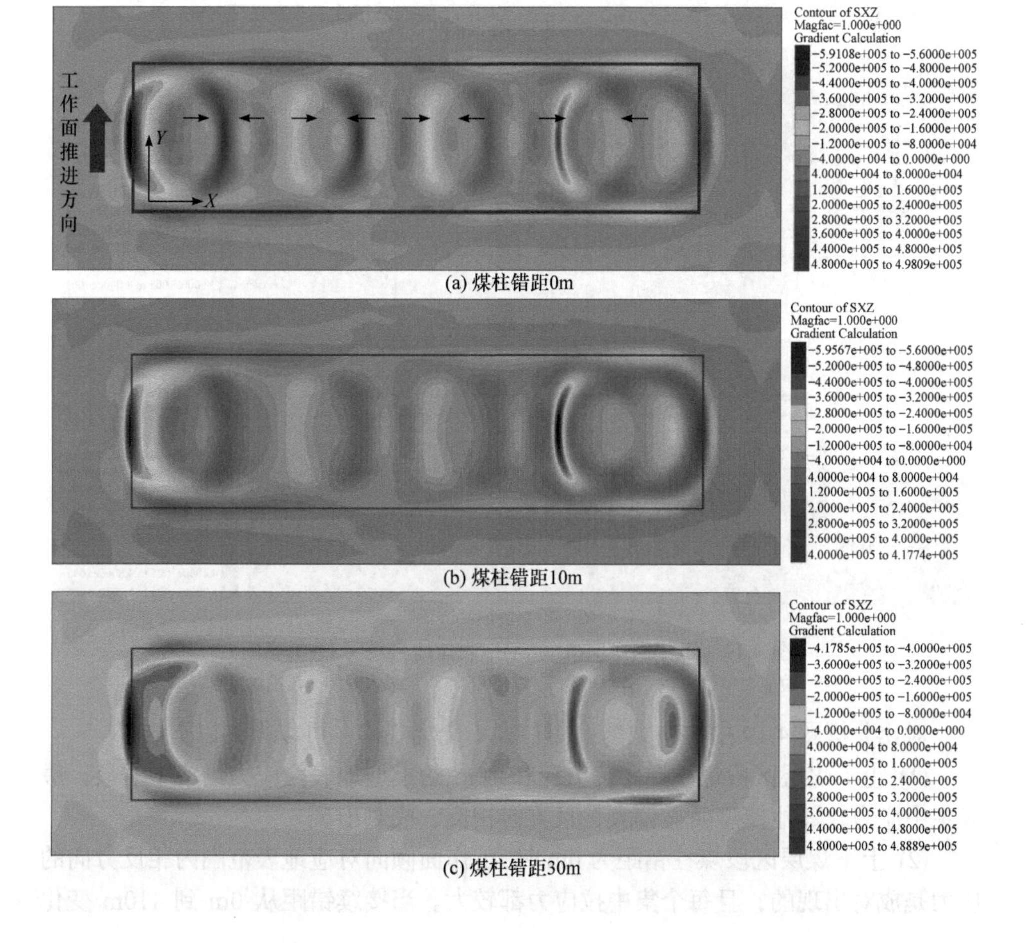

(a) 煤柱错距0m

(b) 煤柱错距10m

(c) 煤柱错距30m

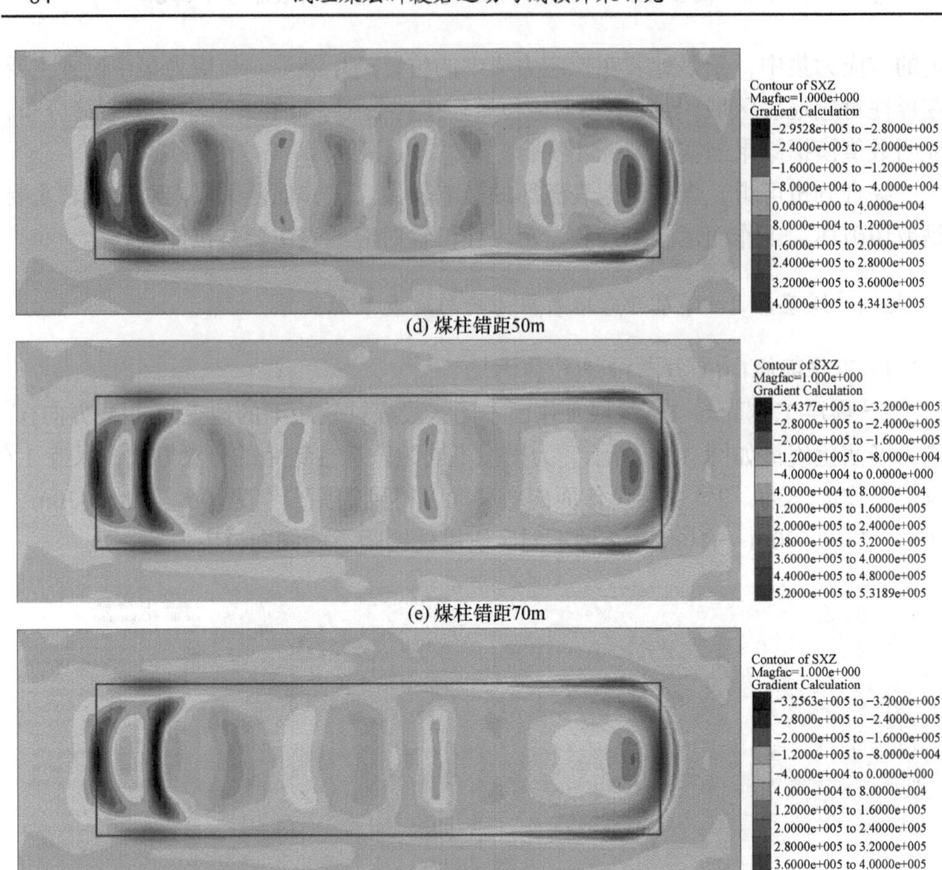

(d) 煤柱错距50m

(e) 煤柱错距70m

(f) 煤柱错距90m

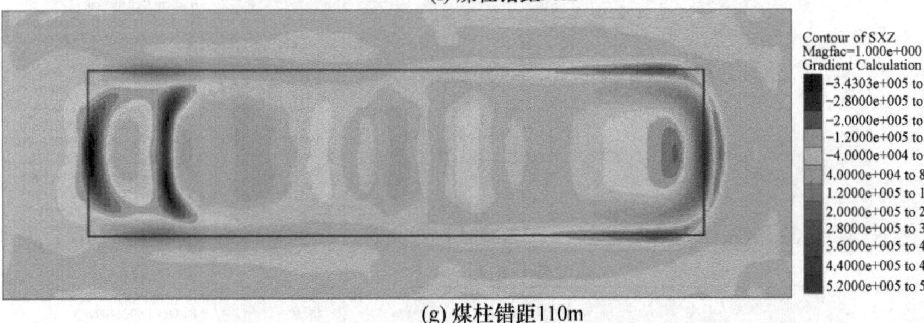

(g) 煤柱错距110m

图 4.19　工作面倾向(X方向)地表拉应力场分布(见彩图)

拉应力单位为 Pa；方框内为 1^{-2} 煤层和 2^{-2} 煤层最大开采区范围对应地表

对比分析图 4.19 中拉应力场范围和大小变化规律，可以得到以下结果。

(1) 上下煤层区段煤柱错距为 0m 和 10m 的模型地表拉应力场集中明显，最大集中应力较其他模型明显偏大，且方向相反、成对出现。

(2) 上下煤层区段煤柱错距为 0m 时，工作面倾向对应地表范围内相反方向的应力是成对出现的，且每个集中拉应力都较大。当接续错距从 0m 到 110m 变化时，成对出现的应力场逐渐削弱直至不再成对存在。初步判断，错距的变化使相反方向的拉应力叠加效应降低，于是减小了集中拉应力场的大小和范围。

(3) 上下煤层区段煤柱错距大于 30m 时，左边界的集中拉应力场开始逐渐分离。1^{-2} 煤层和 2^{-2} 煤层开采边界逐渐错开，最左边的高集中应力场为 1^{-2} 煤层的边界，向右移动的高集中应力场为 2^{-2} 煤层开采边界。两个集中拉应力场都大于红土层的抗拉强度，因此在应力集中的位置应该会出现地表的破坏裂隙。

(4) 对比图 4.19 中所有左边界集中应力场的值，发现当接续错距为 50m 时，集中应力最小，且 1^{-2} 煤层边界的集中拉应力大于 2^{-2} 煤层的集中拉应力；接续错距大于 50m 时，1^{-2} 煤层集中拉应力小于 2^{-2} 煤层的集中拉应力。

(5) 地表所有集中拉应力场出现的地方都在开采区边界或煤柱的两侧，且拉应力场呈现向开采边界外侧凸出的 C 形分布状态。

2) 工作面走向(Y 方向)地表拉应力场

不同区段煤柱错距条件下，工作面走向(Y 方向)地表拉应力场分布见图 4.20。

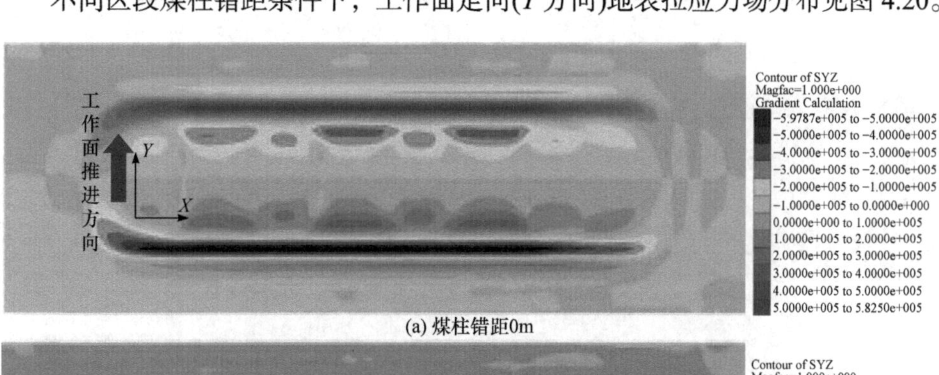

(a) 煤柱错距0m

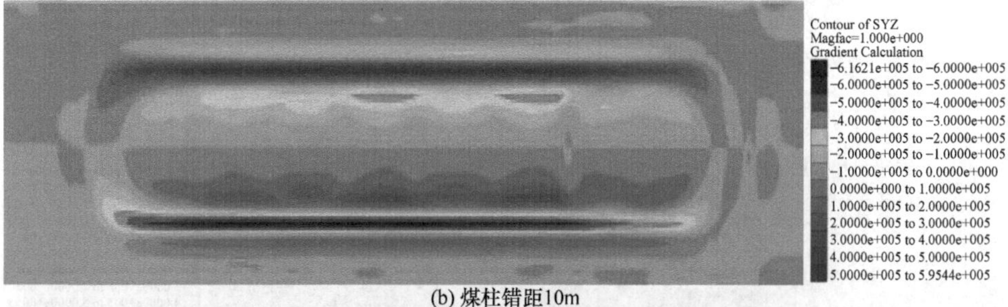

(b) 煤柱错距10m

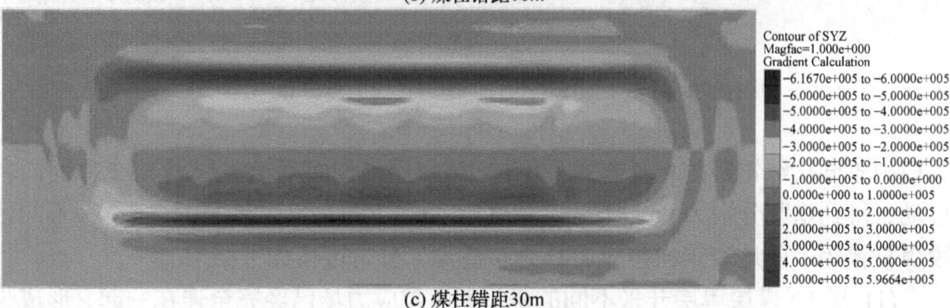

(c) 煤柱错距30m

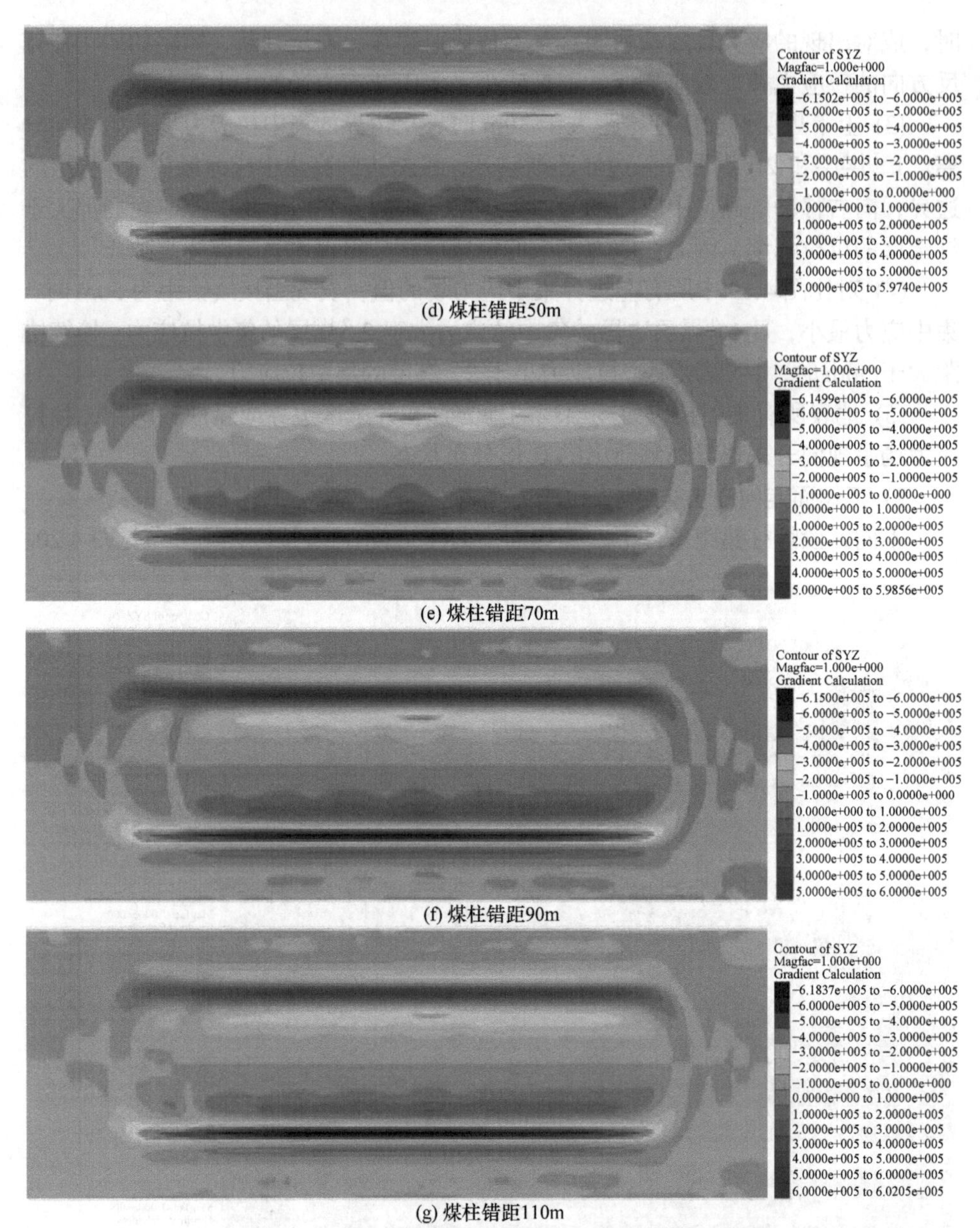

(d) 煤柱错距50m

(e) 煤柱错距70m

(f) 煤柱错距90m

(g) 煤柱错距110m

图 4.20　工作面走向(*Y* 方向)地表拉应力场分布(见彩图)

拉应力单位为 Pa

为模拟不同接续错距的布置方式，保持 1^{-2} 煤层工作面不动，2^{-2} 煤层工作面向右移动，得到错距分别为 0m、10m、30m、50m、70m、90m 和 110m 时 7 种不同区段煤柱错距下的地表走向拉应力场分布规律，分析可得如下结果。

(1) 与 1^{-2} 煤层单层开采不同的是，走向拉应力场已经完全连在一起，形成长条的拉应力场，且方向都指向工作面对应地表中部。

(2) 地表走向拉应力基本上不随着煤柱错距的变化而变化，最大走向拉应力都在 0.6MPa 左右。拉应力场分布范围基本上在开采区边界附近。

(3) 在模型左侧，随着 1^{-2} 煤层和 2^{-2} 煤层煤柱逐渐错开，拉应力逐渐减小，表明拉应力场的叠加效应逐渐减弱。

根据不同区段煤柱错距下的地表破坏区分布规律，每个模型的 1^{-2} 煤层开采区范围相同且都覆盖了 2^{-2} 煤层开采区范围，如图 4.21 所示，破坏区的范围和破坏类型也完全相同。

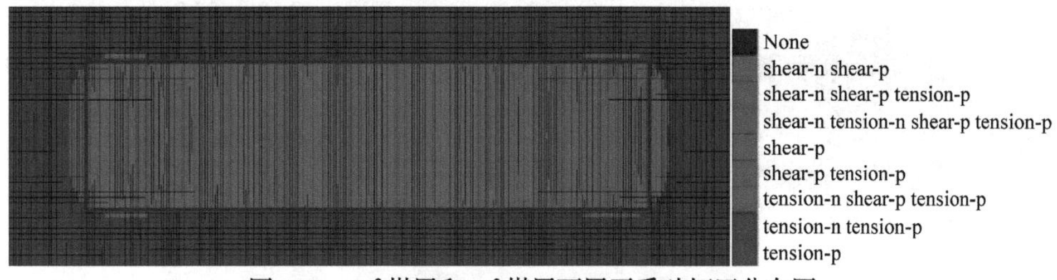

图 4.21　1^{-2} 煤层和 2^{-2} 煤层两层开采破坏区分布图

开采区边缘拉伸破坏和剪切破坏共存，属于过渡区域，开采区范围以内基本是剪切破坏，开采区范围以外基本是拉伸破坏。拉伸破坏或剪切破坏的范围是随着开采边界变化而变化的，且开采边界受到剪切和拉伸两种应力影响，极易产生裂隙、地堑等现象。随着 2^{-2} 煤层工作面的推进和开采范围扩大，地表要经过一次剪切和拉伸的双重破坏过程。

根据图 4.21 中的模型破坏区分布和图 2.26，地表拉应力主要集中在煤柱对应地表位置，是地表拉裂缝产生的根源。走向方向开采边界拉应力场对应的破坏区为图 4.21 中上、下拉破坏区边缘和混合破坏区。在倾向方向，1^{-2} 煤层的开采边界拉应力场对应的破坏区为图 4.21 中左、右拉破坏区边缘和混合破坏区。2^{-2} 煤层左边界由于与 1^{-2} 煤层开采边界错开一定距离，拉应力场已经进入 1^{-2} 煤层开采边界内部，但是在破坏区图中依然表现为剪切破坏，并非拉伸破坏。1^{-2} 煤层开采之后，已经使地表发生剪切破坏和拉裂缝。2^{-2} 煤层开采时，岩层裂隙会沿着旧裂隙扩展，地表出现剪切破坏。

4.2.4　浅埋近距离煤层群开采地表沉陷与破坏规律

1. 1^{-2} 煤层开采地表位移场基本特征

1^{-2} 煤层开采后垂直位移的俯视图、工作面和地表切面图、模型内部剖面图，分别如图 4.22(a)、(b)、(c)所示。

1) 地表垂直位移规律

根据数值模拟结果并参考煤矿开采顶板垮落和地表下沉基本规律，得出 1^{-2}

煤层开采后地表下沉规律如下。

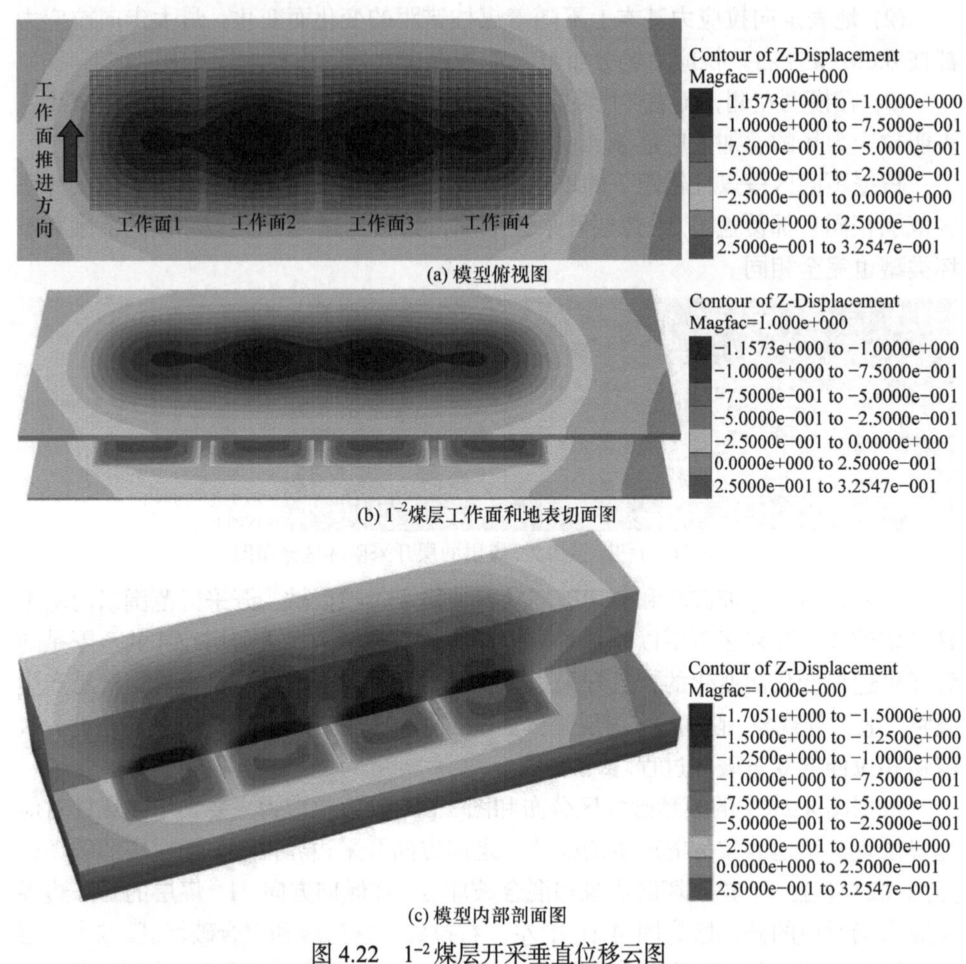

(a) 模型俯视图

(b) 1^{-2}煤层工作面和地表切面图

(c) 模型内部剖面图

图 4.22　1^{-2}煤层开采垂直位移云图

垂直位移单位为 m；黑色网格为工作面在地表的对应范围

(1) 模拟 1^{-2} 煤层采高 2m，工作面中部顶板岩层垮落下沉量较大，垮落带高度 1.74m。

(2) 1^{-2} 煤层工作面区段煤柱对应地表的下沉量很小，地表呈现非均匀沉降。煤柱的存在破坏了地表下沉均匀性，使地表起伏不平。

(3) 1^{-2} 煤层两侧工作面对应的地表下沉量小于中部工作面对应的地表下沉量，两侧工作面地表没有形成盆底平坦区，中间两个工作面地表形成椭圆“盘状”平底下沉盆地。

(4) 根据图 4.22(a)绘制图 4.23，可得工作面两侧倾向充分采动角为 73°和 75°，工作面走向充分采动角为 59°，工作面区段煤柱侧的充分采动角较大。

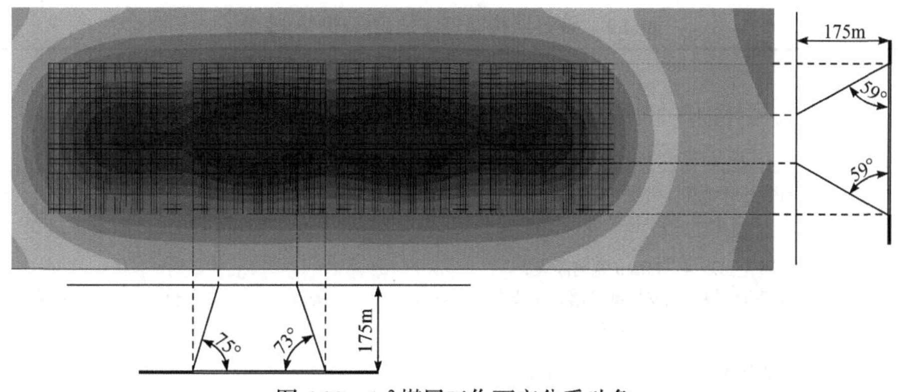

图 4.23　1^{-2} 煤层工作面充分采动角

(5) 1^{-2} 煤层工作面倾向下沉曲线如图 4.24 所示，1^{-2} 煤层开采后地表最大下沉量为 1.16m，最中央的煤柱对应地表下沉量为 1.05m，20m 宽的煤柱造成 0.11m 的落差。

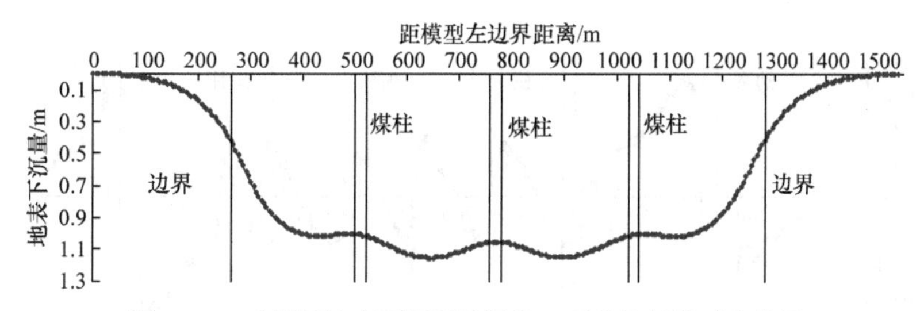

图 4.24　1^{-2} 煤层地表下沉量及煤柱、开采边界的对应位置

(6) 1^{-2} 煤层开采后的地表倾斜值(下沉坡度)如图 4.25 所示，可得工作面中央的地表倾斜值很小，而区段煤柱两侧的地表倾斜值较大，倾斜值最大的地方在开采边界内 27.5m 处，倾斜值绝对值达到了 6.9mm/m。根据砖石结构建筑物的破坏(保护)等级(表 4.2)，开采边界内 92.5m 到开采边界外 57.5m 共 150m 宽度内的倾斜值绝对值在 3mm/m 以上，达到了Ⅱ级，部分达到Ⅲ级。1^{-2} 煤层地表曲率如图 4.26 所示，绝对值全部小于 0.08×10^{-3}/m，属于Ⅰ级。

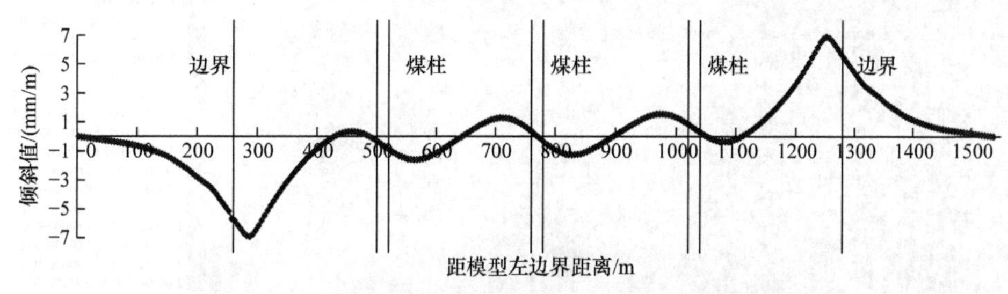

图 4.25　1^{-2} 煤层地表倾斜值及煤柱、开采边界的对应位置

表 4.2　砖石结构建筑物的破坏(保护)等级

破坏(保护)等级	建筑物可能达到的破坏程度	地表变形指标			处理方式
		倾斜值 i 绝对值/(mm/m)	曲率 K 绝对值/(10^{-3}/m)	水平变形绝对值/(mm/m)	
Ⅰ	墙壁上出现或仅出现少量宽度小于4mm 的细微断裂	≤3.0	≤0.2	≤2.0	不修
Ⅱ	墙壁上出现 4～15mm 宽的断裂，门窗有歪斜，墙皮局部脱落，梁支承处稍有异样	≤6.0	≤0.4	≤4.0	小修
Ⅲ	墙壁上出现 16～30mm 宽的断裂，门窗严重变形，墙身倾斜，梁头有抽动现象，室内地坪开裂或鼓起	≤10.0	≤0.6	≤6.0	中修
Ⅳ	墙身严重倾斜、错动，外鼓或内凹，梁头抽动较大，屋顶、墙身挤坏，严重者有倒塌危险	>10.0	>0.6	>6.0	大修、重修或者拆除

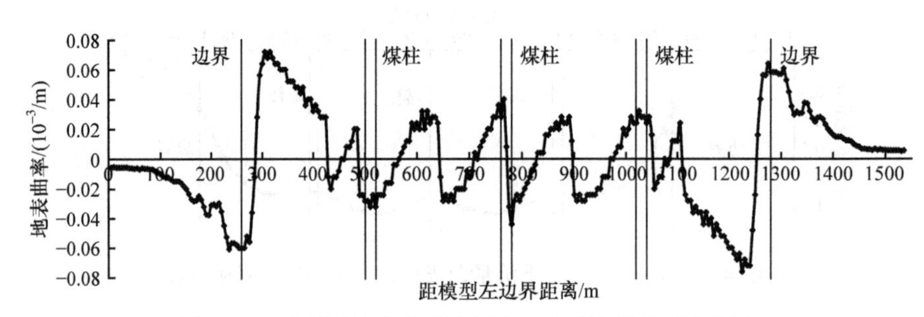

图 4.26　1^{-2}煤层地表曲率及煤柱、开采边界的对应位置

2) 1^{-2}煤层开采后的地表水平变形规律

单独开采 1^{-2}煤层后的工作面倾向和走向地表水平位移分别如图 4.27 和图 4.28 所示，有如下规律。

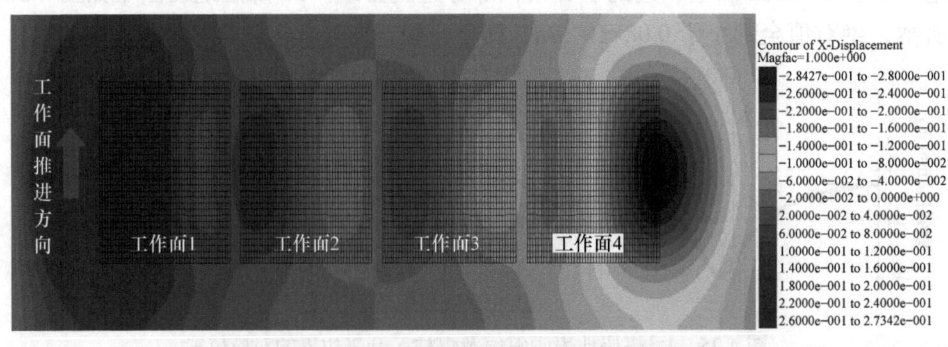

图 4.27　1^{-2}煤层工作面倾向方向地表水平位移

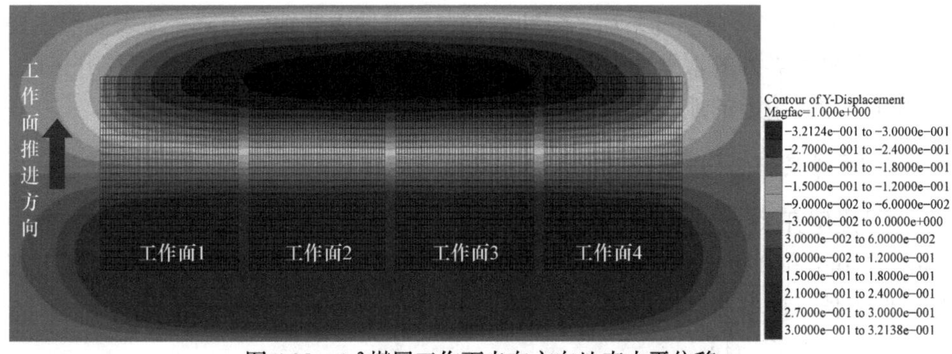

图 4.28　1^{-2} 煤层工作面走向方向地表水平位移

水平位移单位为 m；黑色网格为工作面在地表的对应范围，左下角为原点

(1) 工作面地表水平位移均指向开采区中部位置，开采边界处水平位移最大，倾向最大位移为 0.28m，走向最大位移为 0.32m。

(2) 1^{-2} 煤层工作面倾向地表水平变形如图 4.29 所示。1^{-2} 煤层工作面开采边界内倾向方向水平变形绝对值均小于 4mm/m，破坏等级为 Ⅰ 级；工作面开采边界外倾向方向水平变形绝对值有部分大于 2mm/m，破坏等级为 Ⅱ 级。因此，由倾向方向的水平变形引起的破坏不大。

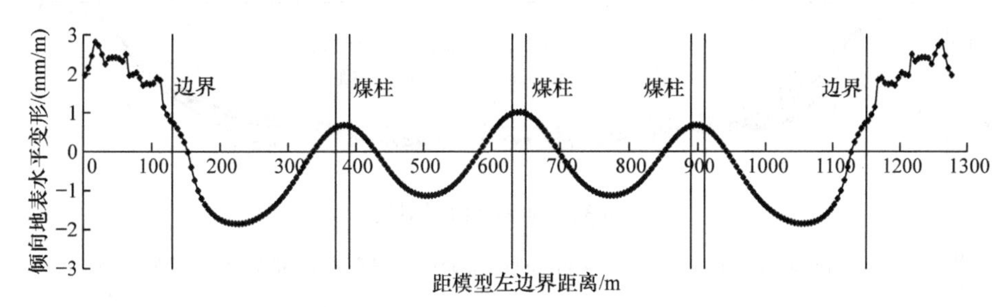

图 4.29　1^{-2} 煤层工作面倾向地表水平变形及煤柱、开采边界位置

(3) 1^{-2} 煤层工作面走向地表水平变形如图 4.30 所示。工作面开采边界内走向水平变形绝对值在 2～4mm/m，破坏等级为 Ⅱ 级；工作面开采边界外水平变形绝对值在 4～6mm/m，破坏等级为 Ⅲ 级。走向方向水平变形引起的破坏中等。

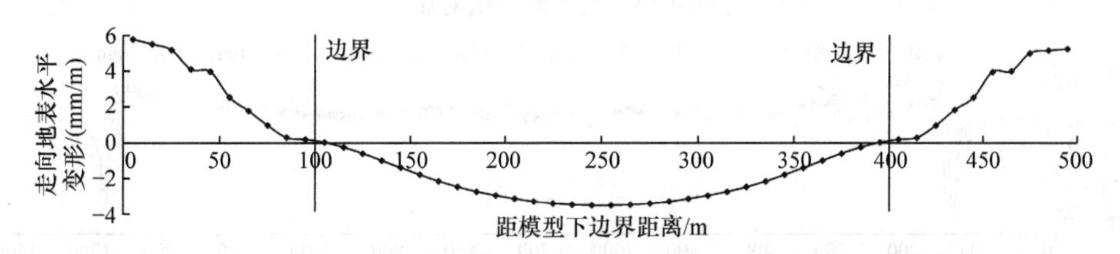

图 4.30　1^{-2} 煤层工作面走向地表水平变形及开采边界位置

综上所述，1^{-2}煤层开采后，煤柱的存在导致地表非均匀沉降，地表变形主要来源于开采边界外的水平变形和边界内外150m范围的倾斜变形。多煤层开采时，减轻开采边界附近的地表非均匀沉降，可降低地表治理难度。

2. 1^{-2}煤层和2^{-2}煤层开采地表位移场演化规律

1^{-2}煤层开采后，进行2^{-2}煤层的开采。按照错距0m、10m、30m、50m、70m、90m、110m和130m进行布置，地表最大下沉量如图4.31所示，得到地表下沉量、倾斜值、曲率和倾向地表水平变形，分别如图4.32～图4.35所示。

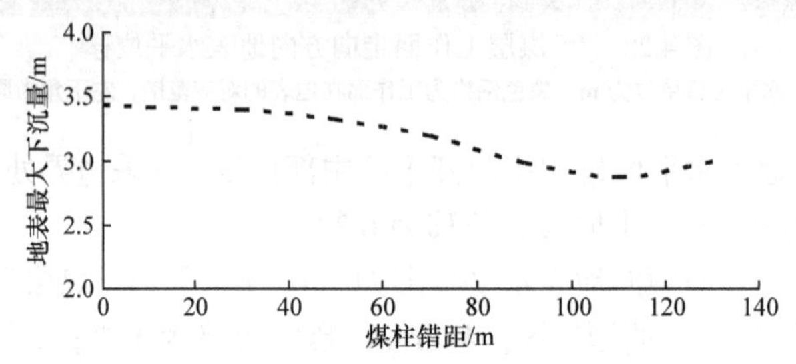

图4.31 不同错距下地表最大下沉量

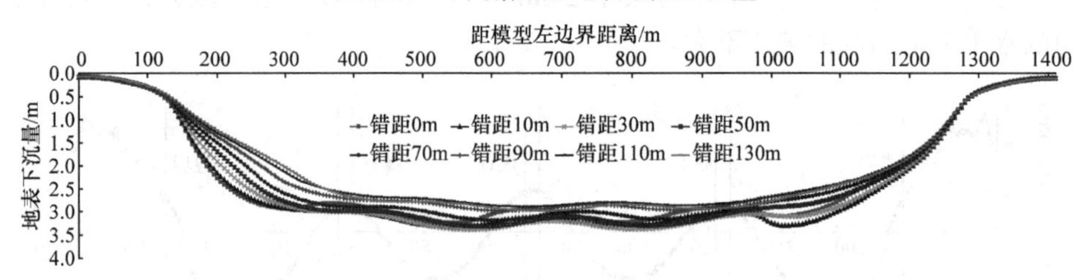

图4.32 地表下沉量对比

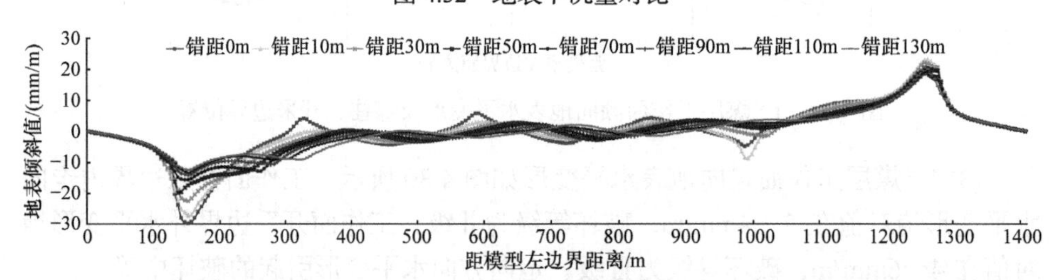

图4.33 地表倾斜值对比

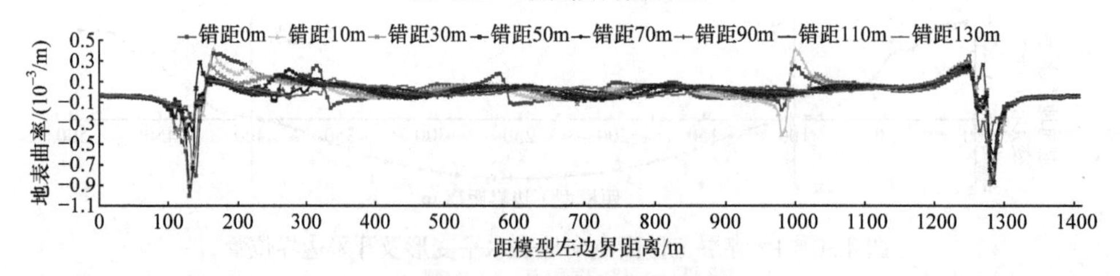

图4.34 地表曲率对比

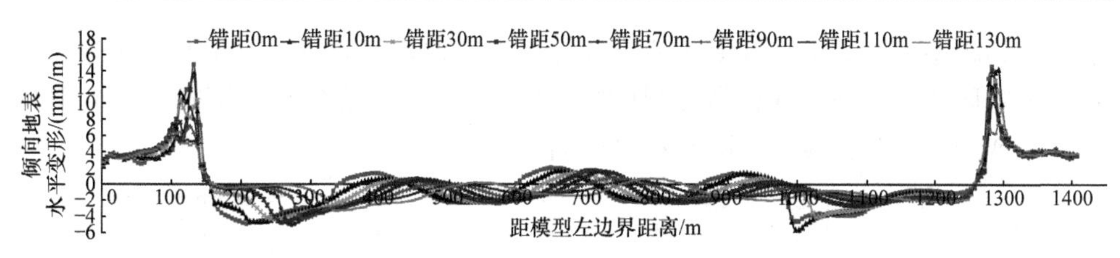

图 4.35　倾向地表水平变形对比

1) 地表下沉变化规律

由图 4.31 和图 4.32 可见，随着煤柱错距的增大，地表最大下沉量逐渐减小，沿走向错距 100m 的地表最大下沉量明显减小。开采边界附近沿倾向内错距离大于 30m 后，地表下沉趋于平缓，说明区段煤柱错位布置可有效减少地表下沉。

2) 倾斜变化规律

根据图 4.33 可知，借用砖石结构建筑物的破坏(保护)等级中的可控等级Ⅱ(倾斜值绝对值小于等于 6mm/m)作为评价标准，在开采区范围以内的大面积开采区，错距小于 30m 的模型倾斜波动比较大。

3) 曲率变化规律

根据图 4.34 可知，借用砖石结构建筑物破坏(保护)等级中的可控等级Ⅱ(曲率绝对值小于等于 0.4×10^{-3}/m)作为评价标准，错距小于 30m 时曲率绝对值大于 0.4×10^{-3}/m，错距越大地表的变形和破坏越小。

4) 水平变形变化规律

根据图 4.35 可知，在开采区域内，错距小于 30m 的模型的部分区域水平变形绝对值超过了 4.0mm/m。

综合不同阶段地表变形破坏规律，随着开采范围的增大，充分采动后地表下沉盆地的深度逐步稳定，盆地范围不断扩大。不同煤柱错距布置，对盆地内的地表位移影响较大。随着上下煤层工作面区段煤柱错距增大，地表的变形和破坏减小。

4.3　应力场、位移场与裂隙场协同控制机理

根据上下煤层区段煤柱的不同错距布置，煤柱和围岩将形成不同的煤柱群结构，产生不同的三场(应力场、位移场和裂隙场)演化规律。煤柱叠置、错距 10m、错距 40m 和错距 50m 时的覆岩三场演化规律如图 4.36 所示，应力场采用同标尺图谱，下沉量采用同比例矢量箭头表示，覆岩垮落形态与裂隙采用实验素描。

由图 4.36 可知，上下煤柱结构叠置时，煤柱集中应力场叠加，造成下煤柱集中应力显著增大；地表不均匀沉降增大，导致覆岩裂隙与地表裂缝发育严重。随

着煤柱错距增大，上下煤柱集中应力场分离，应力叠加消失，且在下煤柱进入上煤层采空区压实区前，存在最佳减压区。在减压区，上煤柱充分沉降，使边界裂隙减小或闭合，存在减压与减损耦合区间。

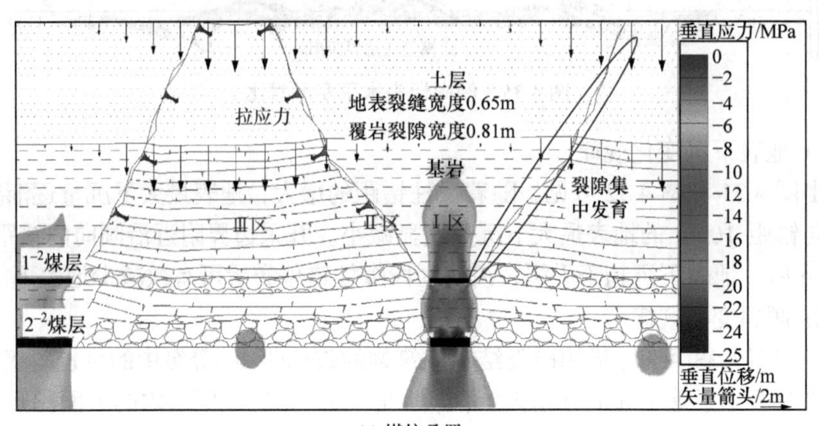

(a) 煤柱叠置

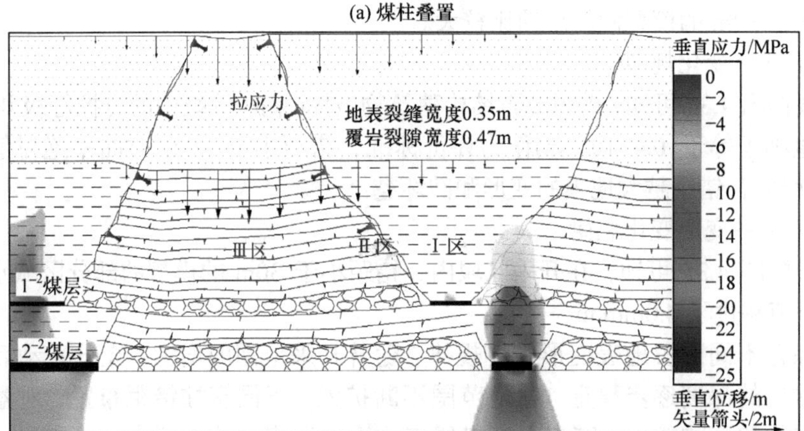

(b) 煤柱错距10m

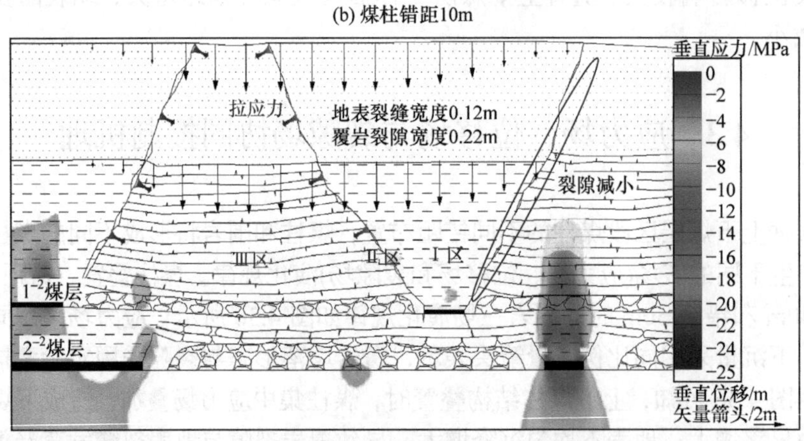

(c) 煤柱错距40m

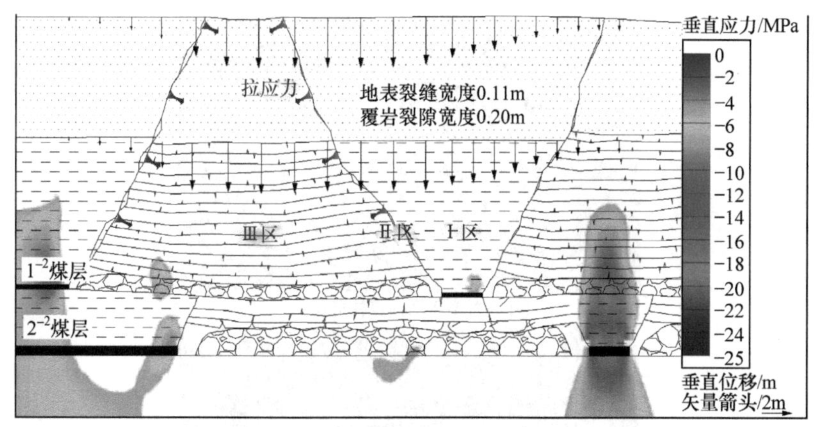

(d) 煤柱错距50m

图 4.36　不同煤柱错距覆岩三场演化规律

4.4　基于三场演化规律的煤柱群结构

4.4.1　基于三场演化规律的煤柱群结构分类

浅埋近距煤层群开采的煤柱群由上煤层区段煤柱、间隔岩层、下煤层区段煤柱组成。下煤层开采时，上下煤层不同煤柱错距会形成不同的煤柱群结构。煤柱群结构直接影响煤柱应力集中程度、覆岩与地表的不均匀沉降程度和覆岩与地表最大裂缝发育程度，煤柱群结构决定应力场、位移场和裂隙场耦合演化特征。

基于三场演化规律分析，煤柱群结构可分为四类(图 4.37)。

(1) 叠置增压增损煤柱群结构：上下煤柱叠合布置，下煤柱应力增大，覆岩裂缝增大。

(2) 错置减压煤柱群结构：上下煤柱错距布置，错距不充分，下煤柱避开了上煤柱应力叠加的影响，但没有避开对边界裂缝的影响，覆岩边界裂缝仍然增大。

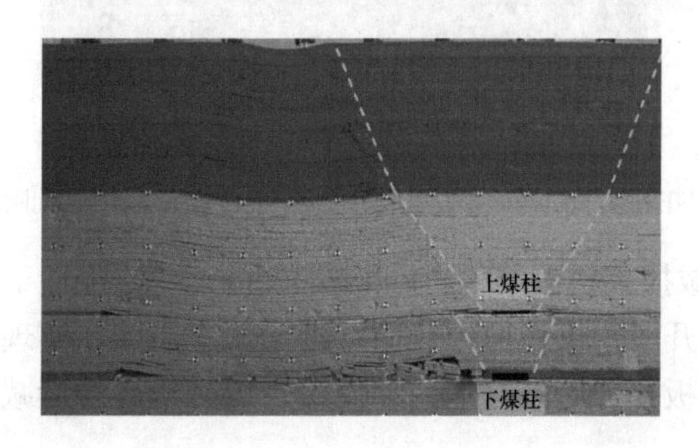

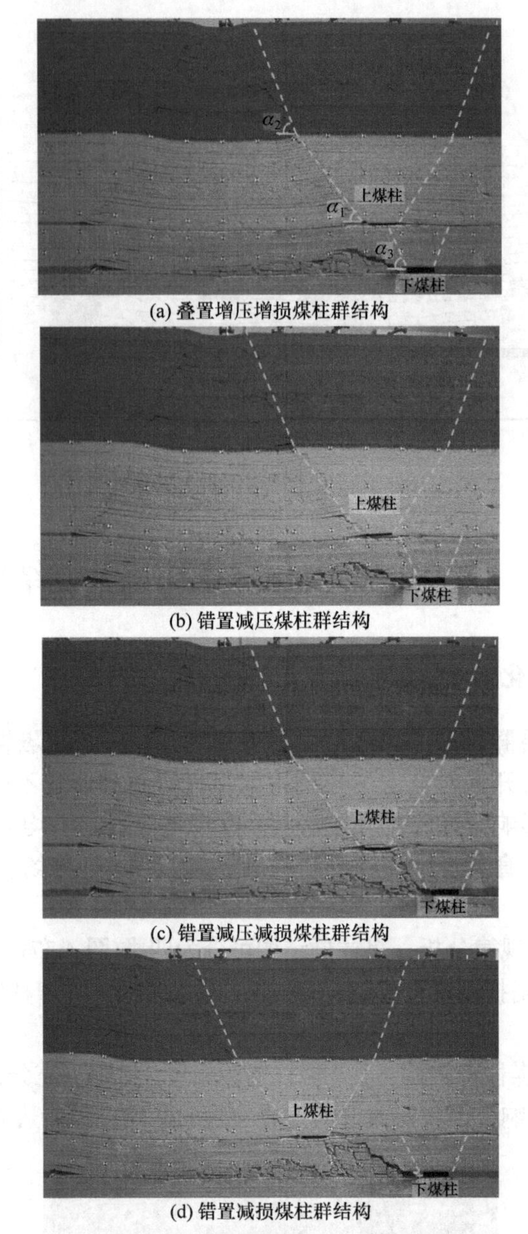

(a) 叠置增压增损煤柱群结构

(b) 错置减压煤柱群结构

(c) 错置减压减损煤柱群结构

(d) 错置减损煤柱群结构

图 4.37　四类煤柱群结构形态

α_1 为上煤层开采基岩破断角；α_2 为土层破断角；α_3 为下煤层开采间隔岩层破断角

(3) 错置减压减损煤柱群结构：上下煤柱处于合理错距，下煤柱处于上煤柱侧方减压区，不仅避开了上煤柱应力，而且处于低应力区，实现了减压；同时，上煤柱处于下煤层顶板充分垮落盆地内，使覆岩煤柱边界裂缝减小，实现了减损。

(4) 错置减损煤柱群结构：上下煤柱错距过大，下煤柱处于上煤层采空区压实区，上煤柱处于下煤层顶板充分垮落盆地，覆岩边界裂缝减小，但下煤柱没有处于减压区，没有兼顾减压。

4.4.2　煤柱群结构的减压与减损效应

煤柱群结构效应指不同类型煤柱群结构对集中应力分布、岩层与地表下沉、覆岩裂隙与地表裂缝发育规律产生的影响。随煤柱错距增大，依次形成“叠置增压增损煤柱群结构→错置减压煤柱群结构→错置减压减损煤柱群结构→错置减损煤柱群结构”，应力场、位移场和裂隙场随之演化。其中，能实现煤柱减压与地表减损耦合控制的煤柱群结构为最佳结构，称为减压减损耦合结构。

1) 叠置增压增损煤柱群结构

叠置增压增损煤柱群结构的上下煤柱重叠布置[图 4.37(a)]，上下煤柱结构存在叠置区，造成煤柱集中应力场叠加，下煤柱垂直应力增大，煤柱完全叠置时最大。叠置结构下，煤柱结构区覆岩和地表二次下沉量最小，工作面中部二次下沉量最大，造成地表沉降落差最大，导致煤柱侧覆岩和地表裂缝发育最严重，不利于煤柱减压和地表减损。

2) 错置减压煤柱群结构

错置减压煤柱群结构的上下煤柱错距布置[图 4.37(b)]，随着错距的增大，上下煤柱集中应力区逐渐分离，但上煤柱回转下沉，仍受到下煤柱顶板回转区间隔岩层的支撑，未充分沉降。此时，上下煤柱集中应力场叠加明显减弱，覆岩不均匀沉降和覆岩裂隙减弱不明显，可实现煤柱减压，但地表减损欠佳，为减压结构。

3) 错置减压减损煤柱群结构

随着上、下煤柱错距的进一步增大，煤柱集中应力区完全分离，上煤柱位于下煤层下沉盆地内而达到充分下沉，下煤柱处于上煤层工作面减压区内[图 4.37(c)]。此时，下煤柱避开了上煤柱传递的集中应力而实现了减压，同时上煤柱充分下沉，使煤柱区的覆岩和地表不均匀沉降最小，区段煤柱的覆岩和地表裂隙明显减小或闭合，具有煤柱减压与地表减损耦合效应，为减压减损的理想结构。

4) 错置减损煤柱群结构

随着上下煤柱错距的进一步增大，下煤柱处于上煤层采空区压实区[图 4.37(d)]，导致下煤柱集中应力有所增大，减压效果有所减弱，减损效果显著，为减损结构。

4.5　本 章 小 结

通过 UDEC 和 FLAC3D 数值模拟，研究了柠条塔煤矿北翼东区 1^{-2} 煤层和 2^{-2}

煤层开采应力与位移场耦合关系，分析了浅埋近距离煤层群不同工作面布置方式的煤柱围岩和地表应力场、位移场和裂隙场演化规律，揭示了浅埋近距离煤层群开采应力场、位移场与裂隙场耦合控制机理，提出了基于三场演化规律的煤柱群结构的分类。

(1) 2^{-2} 煤层煤柱垂直应力随倾向错距的增加而降低，存在最佳区间。在煤柱下部高应力区外侧存在一个低应力区。当 2^{-2} 煤层与 1^{-2} 煤层工作面区段煤柱错距为 40m(错隔比大于 1.2)时，煤柱上方地表下沉挠度和地表边界裂隙(缝)最小。

(2) 随着 2^{-2} 煤层与 1^{-2} 煤层同采工作面走向错距的增大，上下工作面的互相影响减小。当工作面走向错距大于 70m(错隔比大于 2.1)时互相影响显著减小，当走向错距小于 30m(错隔比小于 0.9)时应力叠加严重。2^{-2} 煤层和 1^{-2} 煤层工作面充分采动时，不同走向错距的地表最大下沉量相同，煤壁上方地表下沉挠度不同，地表平行裂隙发育程度不同。当工作面走向错距小于 40m(错隔比小于 1.2)时，地表下沉挠度较大，当工作面走向错距大于 80m(错隔比大于 2.4)时地表下沉曲线平缓，存在最佳走向错距。

(3) 2^{-2} 煤层区段煤柱留设位置不合理时，地层不均匀沉降显著，覆岩和地表裂隙会沿着 1^{-2} 煤层开采裂隙叠加发展，地表破坏严重。合理的上下煤层区段煤柱错距能够减缓地层不均匀下沉程度。在开采边界附近的地表倾斜、水平变形最大。开采区内随着区段煤柱错距的增大，区段煤柱形成的地表变形和裂缝减小。

(4) 上、下遗留煤柱结构与围岩的应力场、位移场与裂隙场存在耦合作用关系，表现为存在煤柱减压和地表减损(减小不均匀沉降导致的裂缝)的耦合作用区。其耦合机制源于煤柱的存在使覆岩产生不均匀沉降、煤柱应力集中，煤柱两侧产生集中发育的拉裂缝。通过合理的工作面错距布置，可以实现井下减压和地表减损。

(5) 浅埋近距离煤层群上下煤层工作面开采可形成叠置增压增损煤柱群结构、错置减压煤柱群结构、错置减压减损煤柱群结构和错置减损煤柱群结构 4 种类型。工作面布置时，通过确定合理的错距，形成错置减压减损煤柱群结构，可实现安全减损开采。

第5章 浅埋近距离煤层群工作面合理布置方式

浅埋近距离煤层群减损开采的重要内容是确定合理的上下工作面布置方式，实现井下减压和地表减损的安全绿色高效开采。

5.1 浅埋近距离煤层群开采上下工作面区段煤柱错距确定

5.1.1 煤柱群结构效应影响下的三场耦合作用机理

单一煤层工作面开采后，垮落顶板在采空区形成压实区，压实区两侧为减压区，遗留煤柱区为应力集中区。煤层顶板垮落后，在煤柱上方形成倒梯形结构。煤柱及其倒梯形结构导致对应的覆岩和地表不均匀沉降，在倒梯形结构两侧地表对应位置出现拉应力区和拉裂缝集中发育区。单一煤层工作面开采覆岩倒梯形结构如图5.1所示。

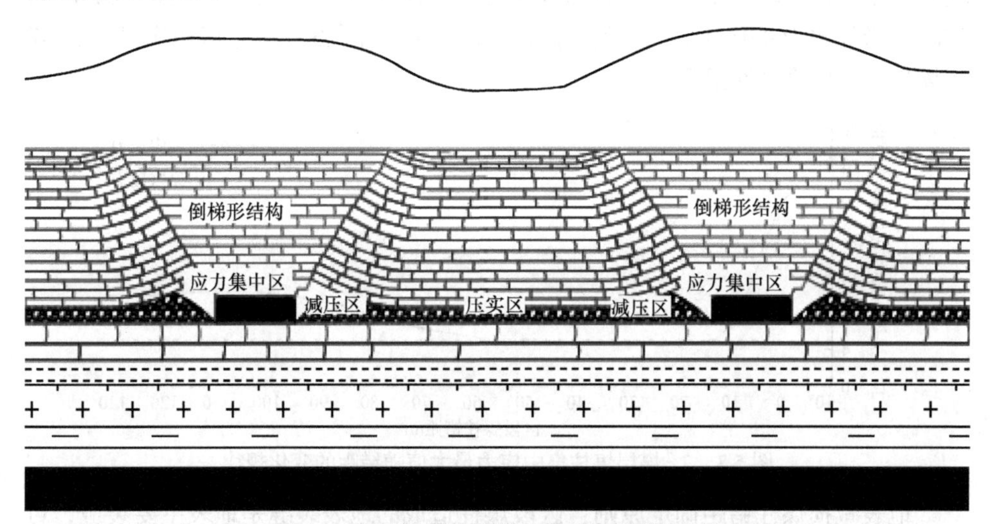

图5.1 单一煤层工作面开采覆岩倒梯形结构

上下煤层开采过程中，区段煤柱倒梯形结构相互组合，形成连续的叠置倒梯形结构，可分为叠置增压增损煤柱群结构、错置减压煤柱群结构、错置减压减损煤柱群结构和错置减损煤柱群结构4种类型。煤柱集中应力和地表裂缝都与煤柱倒梯形结构引起的不均匀沉降有关。通过合理布置上下煤柱错距，可以减小煤柱支撑区的不均匀沉降，既可以减小煤柱集中应力，又可以减轻地表裂缝发育，存在耦合控制效应。煤层群开采减压减损倒梯形结构如图 5.2 所示。

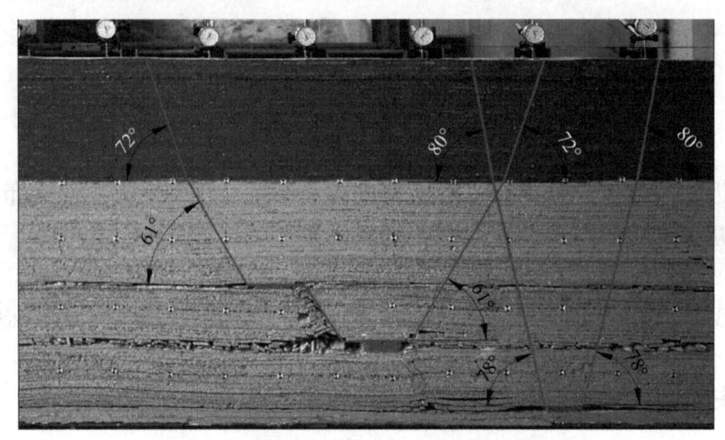

图 5.2　煤层群开采减压减损倒梯形结构

减压煤柱错距确定原则：浅埋近距离煤层群开采过程中，随着上下煤层区段煤柱错距的增大，下煤层区段煤柱垂直应力呈现先降低后升高的特征，存在减压区。2^{-2} 煤层煤柱集中应力最大值随错距的变化规律如图 5.3 所示，1^{-2} 煤层和 2^{-2} 煤层区段煤柱错距为 15～55m 时处于减压区，最佳减压错距区间为 30～40m，最佳减压错隔比为 0.9～1.2。错距大于 70m 后，处于 1^{-2} 煤层采空区压实区，2^{-2} 煤层煤柱集中应力又明显升高。

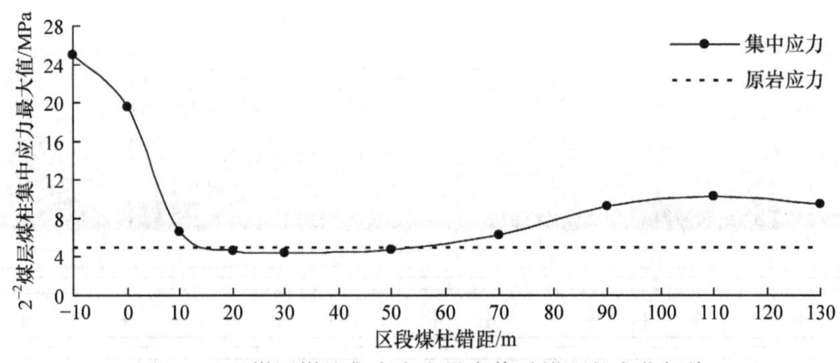

图 5.3　2^{-2} 煤层煤柱集中应力最大值随错距的变化规律

地表减损煤柱错距确定原则：区段煤柱造成的地表裂缝是地表主要裂缝，可以通过合理区段煤柱错距使地表裂缝减小或闭合。1^{-2} 煤层开采后，其煤柱上部地表下沉系数很小，仅为 0.260，其两侧下沉盆地内的下沉系数为 0.640；2^{-2} 煤层开采后，对应 1^{-2} 煤层煤柱地表下沉系数最大，达到 0.650(其他位置下沉系数为 0.400～0.600)，上煤层煤柱对应地表不均匀沉降减小。开采 3^{-1} 煤层后，1^{-2} 煤层

煤柱和 2^{-2} 煤层煤柱对应地表下沉系数分别为 0.750 和 0.800，上部煤柱位置下沉量加大。

三个煤层开采后的地表下沉系数见表 5.1。按照合计采高 10m 计算，煤柱上部地表的综合下沉系数为 0.568～0.590，地表不均匀沉降显著减小，地表损害明显减轻。

表 5.1　三层煤分别开采时煤柱对应地表的下沉系数变化

对应地表位置	采高/m	3^{-1} 煤层左煤柱下沉系数	1^{-2} 煤层煤柱下沉系数	2^{-2} 煤层煤柱下沉系数	3^{-1} 煤层右煤柱下沉系数
1^{-2} 煤层	2	0.640	0.100	0.640	0.640
2^{-2} 煤层	5	0.600	0.650	0.400	0.600
3^{-1} 煤层	3	0.540	0.750	0.800	0.540
综合	10	0.590	0.570	0.568	0.590

不同错距时的地表最大下沉量和最大倾斜值变化规律如图 5.4 所示。可见，随着煤柱错距的增大，地表最大倾斜值逐步减小，错距为 30～70m 时地表最大倾斜值下降明显，70m 以后变化较小。地表最大下沉量在错距为 30～70m 时基本不变，地层下沉较为均匀。

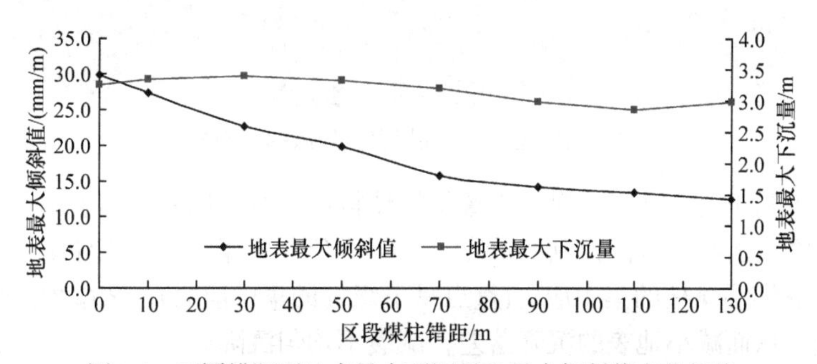

图 5.4　不同错距下地表最大下沉量和最大倾斜值变化规律

综上分析，区段煤柱是覆岩应力集中、地表不均匀沉降与裂隙集中发育的根源。浅埋近距离煤层群开采煤柱减压与地表减损的控制原则是实现三场的耦合控制，控制途径是确定合理的区段煤柱布置方式，科学利用煤柱群结构效应，确定合理的上下煤层区段煤柱错距，可以减小区段煤柱集中应力，减缓覆岩与地表的不均匀沉降，降低覆岩裂隙与地表裂缝的发育程度。浅埋近距离煤层群减损开采途径如图 5.5 所示，减压减损控制分区如图 5.6 所示。

1) Ⅰ 区：煤柱倒梯形覆岩区

上煤层煤柱集中应力向底板传递，若与下煤柱集中应力叠加，会造成集中应

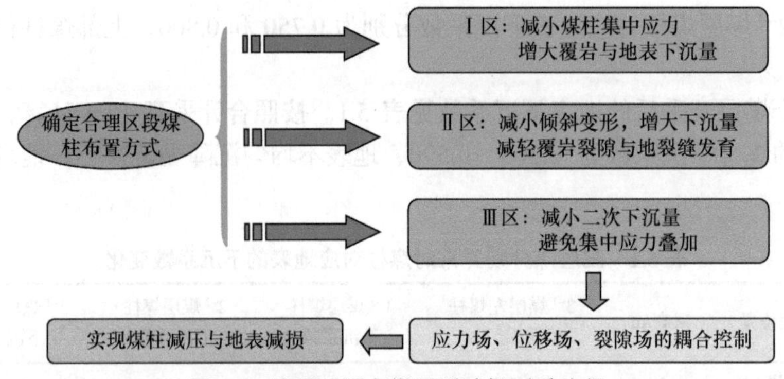

图 5.5　浅埋近距离煤层群减损开采途径

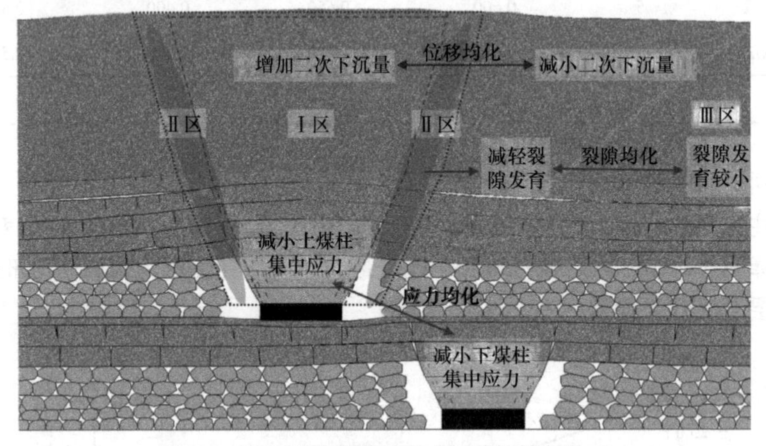

图 5.6　浅埋近距离煤层群减压减损控制分区

力叠加，不利于安全开采；煤柱支撑结构使得该区对应地表下沉量小，导致地表不均匀沉降。因此，该区控制的重点是：①避免上下煤层区段煤柱集中应力的叠加，减小双煤层煤柱的集中应力(重点是下煤柱的集中应力)；②增大上煤柱覆岩的下沉量，从而减小地表的沉降落差，减缓不均匀沉降。

2) Ⅱ区：煤柱边界覆岩裂缝带

该区受拉应力的作用，区段煤柱侧上行裂隙与离层裂隙集中发育，对应地表为下沉盆地的边缘，倾斜变形大，是地表裂缝发育最为严重的区域。因此，该区的控制重点是：①减小对应地表的倾斜变形，增大地表的下沉量；②减轻覆岩裂隙与地表裂缝的发育程度，使集中发育的覆岩裂隙与地表裂缝在下煤层开采后减小或闭合。

3) Ⅲ区：采空区最大沉降及压实区

采空区最大沉降及压实区的控制重点是：①避免下煤柱的集中应力与上煤层采空区中部增压区的应力叠加，使下煤柱集中应力区处于减压区范围内；②重复开采后，使该区的二次下沉量小于Ⅰ区和Ⅱ区的二次下沉量，从而减小地表的沉降落差，减缓不均匀沉降。

通过确定合理的上下煤层区段煤柱错距，可实现浅埋近距离煤层群减压减损开采。

5.1.2　浅埋近距离煤层群减损开采耦合控制判据

浅埋近距离煤层群开采的合理煤柱错距，应当避免上下煤层区段煤柱集中应力叠加，实现井下减压；同时，减轻煤柱造成的地表非均匀沉降和地表裂缝发育，实现减损开采。

1. 避开煤柱集中应力的区段煤柱错距

合理的煤柱错距应该使下煤层巷道处于上煤层煤柱应力集中区之外，并避免煤柱错距过大而使下煤层煤柱进入上煤层采空区压实区，即使下煤层煤柱处于上煤层煤柱侧的减压区范围内。建立避开煤柱集中应力的煤柱错距计算模型，如图 5.7 所示。避开上煤层煤柱集中应力的合理区段煤柱错距表示为

$$h\tan\varphi_1 + b \leqslant L_\sigma \leqslant h\tan\varphi_2 - a_2 - b \tag{5.1}$$

式中，L_σ 为避免压力集中的合理煤柱错距，m；h 为上下煤层间距，m；a_2 为下煤层煤柱宽度，m；b 为巷道宽度，m；φ_1 为减压区内夹角，(°)；φ_2 为减压区外夹角，(°)。

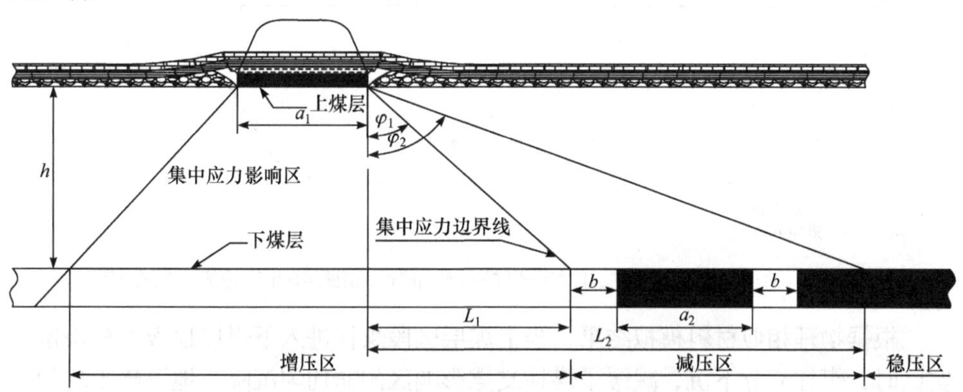

图 5.7　避开煤柱集中应力的煤柱错距计算模型

a_1 为上煤层煤柱宽度

图 5.7 中，减压区内夹角 φ_1 为煤柱底板集中应力边界线与垂线的夹角，大致与间隔层破断角互为余角关系。减压区外夹角 φ_2 为下煤层稳压区边界至上煤层煤柱边界连线与垂线的夹角。φ_1 和 φ_2 可按照下列公式计算：

$$\tan\varphi_1 = \frac{L_1}{h} \tag{5.2}$$

$$\tan\varphi_2 = \frac{L_2}{h} \tag{5.3}$$

式中，L_1为上煤层煤柱集中应力在下煤层的影响距离，m；L_2为上煤层采空区压实区边界距煤柱水平距离，m。

2. 减轻地表损害的区段煤柱错距

浅埋近距离煤层群开采产生地表裂缝的主要原因是地表非均匀沉降，虽然采区边界裂缝难以避免，但在沉降盆地内普遍存在的工作面区段煤柱地表裂缝，可以通过合理的煤柱布置来减弱或消除。

物理相似材料模拟表明，不同的煤柱错距对地表均匀沉降具有显著影响。1^{-2}煤层和2^{-2}煤层工作面煤柱重叠布置和错距40m的地表下沉曲线如图5.8所示，在地表下沉盆地内(曲线中部)，煤柱重叠布置时煤柱上方的下沉量最小，形成W形地表下沉曲线。随着煤柱错距的增加，盆地中央地表沉降趋于平缓。煤柱错距为40m时，盆地中央煤柱区地表沉降落差减少约45%。物理相似材料模拟还表明，工作面按照合理的错距布置，可以实现煤层群开采地表盆地均匀沉降。柠条塔煤矿北翼东区1^{-2}、2^{-2}和3^{-1}煤层(厚度2.7m，与上煤层间距约35m)开采中，通过合理的工作面错距布置，盆地内地表趋于平坦(图5.9)。

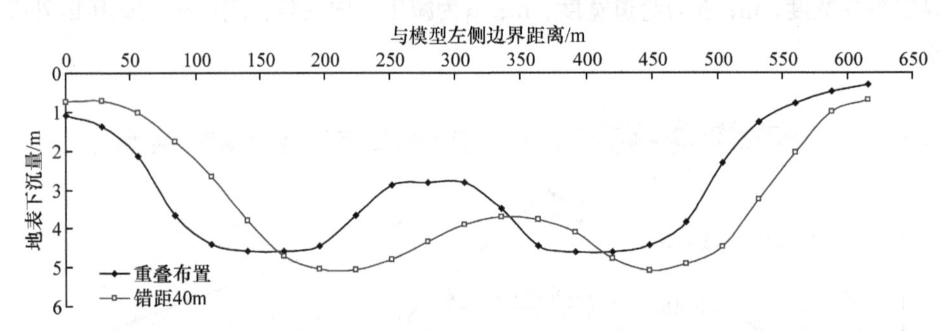

图5.8　1^{-2}煤层和2^{-2}煤层工作面煤柱重叠布置和错距40m的地表下沉曲线

根据物理相似材料模拟结果，当上煤层区段煤柱进入下煤层顶板充分垮落压实区时，煤柱充分下沉，减缓了煤柱支撑影响区的非均匀沉降，地层趋于均匀沉降，煤柱边界裂缝明显减小或闭合，如图5.10所示。兼顾地表均匀沉降和减小地表裂缝的合理煤柱错距L_ε为

$$L_\varepsilon \geqslant l_1 + l_2 \tag{5.4}$$

式中，l_1为上煤层煤柱与顶板压实区距离，m；l_2为下煤层煤柱与顶板压实区距离，m。

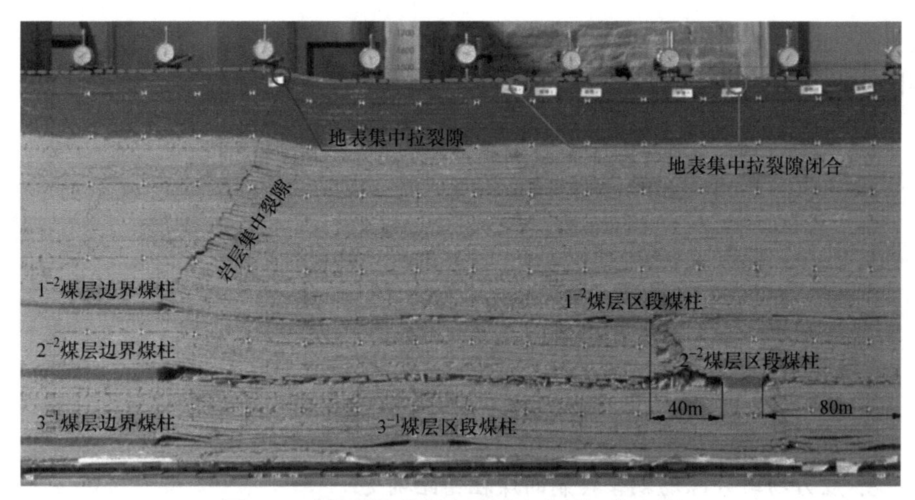

图 5.9　合理煤柱错距布置时地表下沉盆地平坦

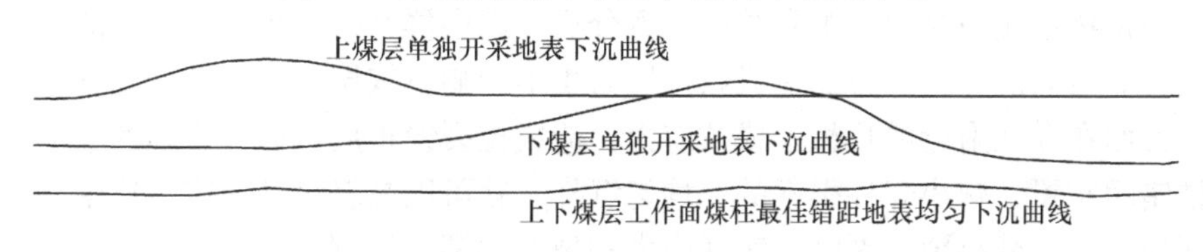

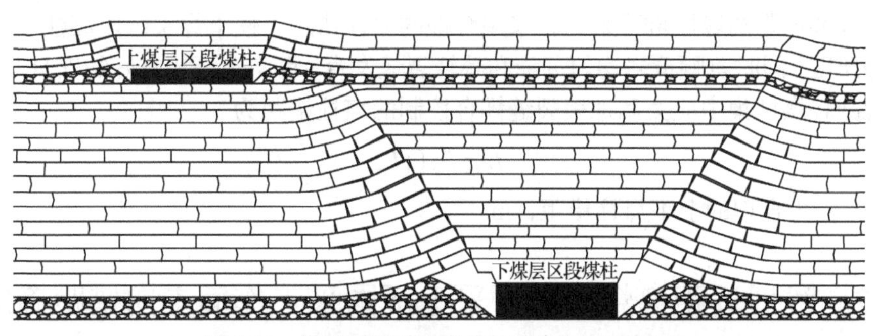

图 5.10　煤层群开采地表均匀沉降机理示意图

根据物理相似材料模拟结果，顶板压实区是顶板结构自煤柱边界向采空区的回转运动形成的，设 α_1 为上煤层顶板至压实区的平均回转角，α_2 为下煤层顶板至压实区的平均回转角，基于均匀沉降的煤柱错距计算模型如图 5.11 所示，则有 $l_2=\dfrac{M_2}{\tan\alpha_2}$，$l_1=\dfrac{M_1}{\tan\alpha_1}$，可得上下煤层合理煤柱错距为

$$L_\varepsilon \geqslant \frac{M_1}{\tan\alpha_1}+\frac{M_2}{\tan\alpha_2} \tag{5.5}$$

式中，L_ε 为减小地表裂缝的合理煤柱错距，m；M_1 为上煤层采高，m；M_2 为下煤

层采高，m；α_1 为上煤层顶板至压实区的平均回转角，(°)；α_2 为下煤层顶板至压实区的平均回转角，(°)。

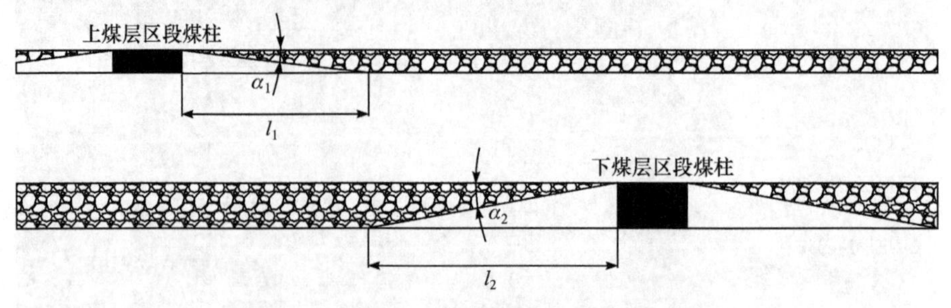

图 5.11　基于均匀沉降的煤柱错距计算模型

3. 应力场与裂隙场耦合控制的煤柱错距确定

根据物理相似材料模拟和数值计算分析，煤层群开采过程中，煤柱的存在导致覆岩非均匀沉降，一方面造成煤柱压力集中影响下煤层巷道支护和安全开采，另一方面在煤柱附近的顶板形成拉应力，造成拉裂缝扩展。通过合理的上下煤层煤柱错距布置，减小煤柱引起的非均匀沉降，就可以减轻煤柱压应力集中和减小顶板拉应力，减小覆岩裂隙，实现应力和裂隙的耦合控制。

浅埋近距离煤层群开采时，采用合理的煤柱错距，使下煤层区段煤柱位于应力降压区，同时兼顾覆岩均匀沉降和减轻裂缝发育，可实现环境友好的安全开采。实现减轻煤柱集中应力和地表裂缝耦合控制的煤柱错距为

$$L \subseteq L_{\varepsilon} \cap L_{\sigma} \tag{5.6}$$

式中，L 为合理的上下煤柱错距，m。

5.2　浅埋近距离煤层群开采上下同采工作面走向错距确定

1. 工作面支承压力分布规律

煤层开采引起采场应力重新分布，形成的支承压力一般可分为减压区、增压区和稳压区，工作面前方支承压力峰值位置到煤壁范围为极限平衡区，向煤体内为弹性区[90]。工作面前后支承压力分布规律如图 5.12 所示。

2. 煤层底板破坏规律

根据弹塑性力学理论，底板岩层受支承压力影响，可分为 3 个区，主动应力极限区、过渡应力极限区和被动应力极限区[91-92]。根据 Vesic 提出的岩土塑性滑

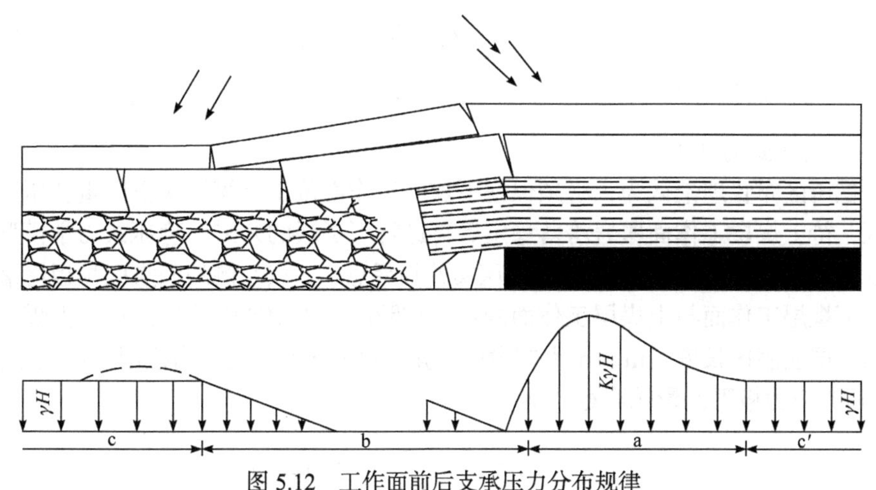

图 5.12 工作面前后支承压力分布规律

a 为增压区；b 为减压区；c 为稳压区；c′为原岩应力区；γ 为上覆岩层平均容重；H 为煤层埋深

移时的极限承载力计算公式，文献[93]修正后得出极限支承压力条件下底板破坏区最大破坏深度。

1) 煤层底板最大破坏深度 H_{max} 的确定

煤层屈服区长度 S 为

$$S=\frac{M}{2K_1\tan\varphi}\ln\frac{K\gamma H+C_{m}\cot\varphi}{K_1C_{m}\cot\varphi} \tag{5.7}$$

式中，φ 为煤层内摩擦角，(°)；C_m 为煤层黏聚力，MPa；M 为煤层采高，m；K 为最大应力集中系数；K_1 为三轴应力系数。

煤层底板最大破坏深度 H_{max} 为

$$H_{max}=\frac{S\cos\varphi_0}{2\cos\left(\frac{\pi}{4}+\frac{\varphi_0}{2}\right)}e^{\left(\frac{\pi}{4}+\frac{\varphi_0}{2}\right)\tan\varphi_0} \tag{5.8}$$

式中，φ_0 为底板岩层内摩擦角，(°)。

2) 煤层底板破坏岩层最大水平距离 L_{max} 计算

底板最大破坏深度点距离工作面水平距离 L_1 为

$$L_1=H_{max}\tan\varphi_0 \tag{5.9}$$

底板最大破坏深度距离采空区压实临界点最大水平距离 L_2 为

$$L_2=S\tan\left(\frac{\pi}{2}+\frac{\varphi_0}{2}\right)e^{\frac{\pi}{2}\tan\varphi_0} \tag{5.10}$$

则

$$L_{\max} = L_1 + L_2 = H_{\max} \tan\varphi_0 \tag{5.11}$$

3. 稳压式和减压式力学模型

1) 稳压式力学模型

稳压区布置理论认为，必须保证下煤层工作面位于上煤层采空区重新压实稳定区，待上煤层工作面覆岩垮落稳定后再进行下煤层的开采。稳压式力学模型如图 5.13 所示，Y 点为上煤层采空区压实的临界点，Y 点左侧的采空区顶板垮落压实，下煤层工作面与上煤层工作面的水平错距应大于 AY 段长度；S_1 为上煤层工作面煤层屈服区长度，m；α 为应力影响角，(°)；r 为过渡应力极限区影响半径，m；r_0 为应力极限区影响半径，m。

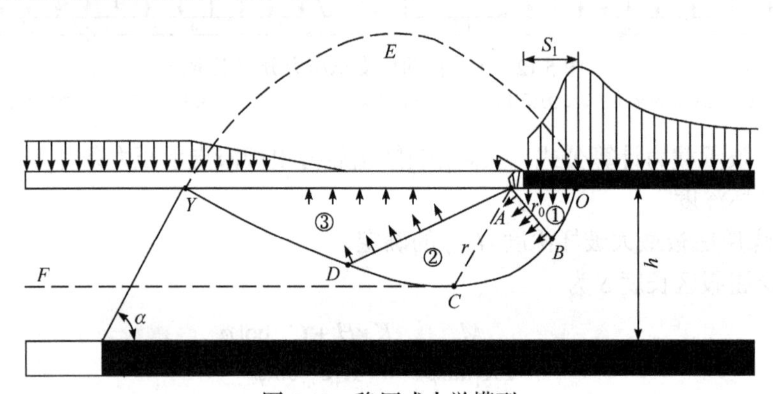

图 5.13 稳压式力学模型

2) 减压式力学模型

减压区布置必须保证下煤层工作面位于上煤层覆岩垮落拱形结构内，即顶板支承压力相对较小的位置。减压式力学模型如图 5.14 所示，C 点为上煤层底板破坏最深点；P 点为下煤层顶板破坏的临界点，下煤层工作面必须布置在 P 点左侧；S_2 为下煤层工作面煤层屈服区长度。

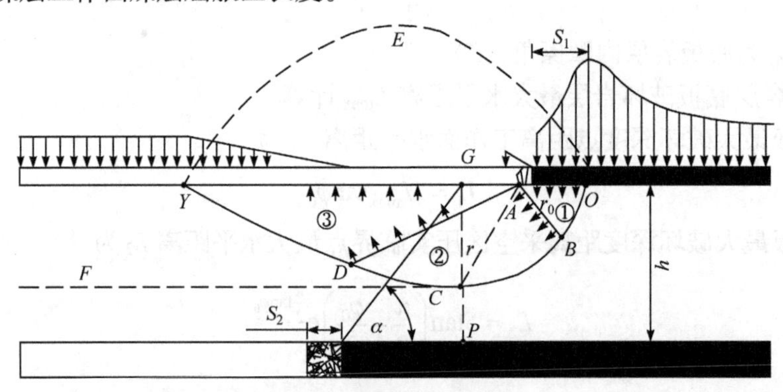

图 5.14 减压式力学模型

4. 同采工作面走向错距计算公式确定

根据 UDEC 数值计算和理论分析，得出稳压式和减压式走向错距计算公式。

1) 稳压式计算模型

稳压式计算模型如图 5.15 所示，同采工作面合理走向错距最小值 W_{min} 为

$$W_{min}=X_1+B+h\cot\alpha \tag{5.12}$$

式中，h 为上下煤层平均间距，m；α 为应力影响角，(°)；B 为上煤层最大控顶距，m；X_1 为上煤层采空区压实区临界点 Y 与液压支架的水平距离，m。

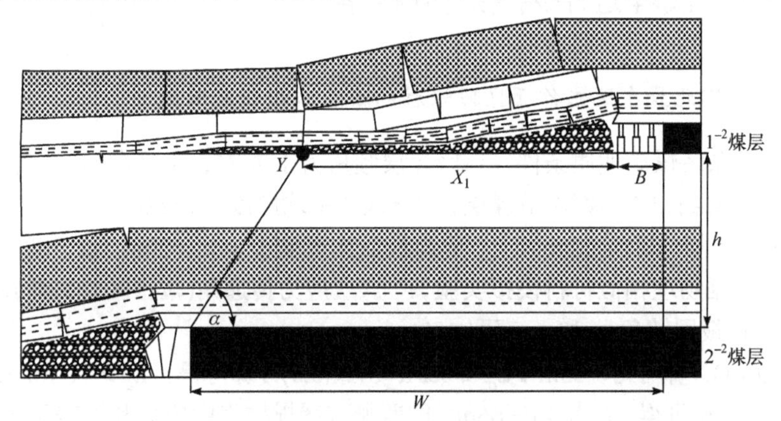

图 5.15　稳压式计算模型

2) 减压式计算模型

减压式计算模型如图 5.16 所示，可将下煤层工作面布置在上煤层顶板拱形结构内，用稳压式错距的最小值减去上煤层平均周期性垮落步距 L_0，走向错距的最大值 J_{max} 为

$$J_{max}=W_{min}-L_0 \tag{5.13}$$

式中，W_{min} 为稳压式布置最小错距，m；L_0 为上煤层平均周期垮落步距，m。

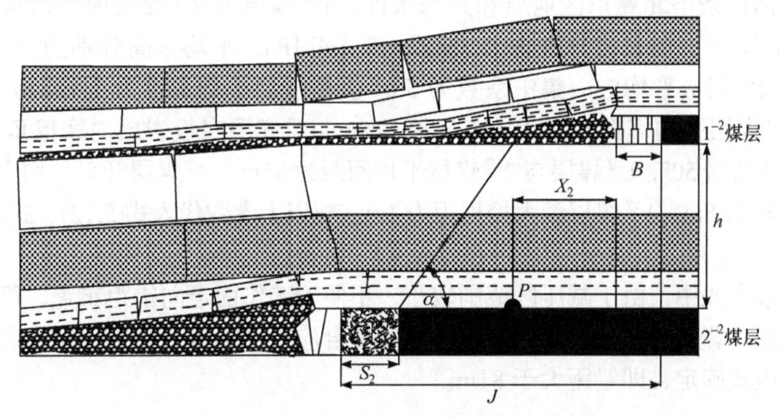

图 5.16　减压式计算模型

减压式错距的最小值必须满足下煤层工作面不受上煤层开采动压的影响，走向错距最小值 J_{min} 计算公式为

$$J_{min}=B+X_2+h\cot\alpha+S_2 \tag{5.14}$$

式中，h 为上下煤层平均间距，m；α 为应力影响角，(°)；B 为上煤层最大控顶距，m；X_2 为下煤层顶板破坏区临界点 P 与上煤层工作面支架的水平距离，m。

5.3 浅埋近距离煤层群科学开采工作面布置方式

1. 柠条塔北翼东区工作面区段煤柱的减压减损错距确定

根据柠条塔煤矿地质条件，该区煤层倾角为1°左右，主采煤层2层，分别为 1^{-2} 煤层(上煤层)和 2^{-2} 煤层(下煤层)，1^{-2} 煤层平均厚度 M_1=2.0m，2^{-2} 煤层平均厚度 M_2=5.0m，层间距 h=33m，上、下煤层煤柱宽度 $a_1=a_2=20\text{m}$，2^{-2} 煤层巷道宽度 b=5m。根据物理相似材料模拟实验，1^{-2} 煤层应力传递角(减压区外夹角) φ_1=40°，φ_2=70°，顶板回转角 α_1 和 α_2 都取10°。

由式(5.1)计算可得，$33\text{m}\leqslant L_\sigma\leqslant 66\text{m}$；由式(5.5)计算可得，$L_\varepsilon\geqslant 11.3\text{m}+28.4\text{m}\approx 40\text{m}$；由式(5.6)可得，$L$ 为40～66m，即兼顾减缓煤柱集中应力和地表裂缝发育的合理煤柱错距为40～66m。

在柠条塔煤矿北翼 2^{-2} 煤层N1206与 1^{-2} 煤层N1112工作面和N1114斜交叠置区进行了开采试验。实践表明，在煤柱错开区域，下煤层煤柱片帮现象比重叠布置区明显减小，地表边界裂缝宽度的增加也明显小于煤柱叠置区。

2. 柠条塔北翼东区同采工作面走向错距计算

根据柠条塔北翼东区地质和开采条件，1^{-2} 煤层和 2^{-2} 煤层内摩擦角分别为37.5°和38.5°，黏聚力分别为1.3MPa和1.4MPa，平均采高分别为1.89m和5.00m，2^{-2} 煤层平均应力集中系数为5.0，上覆岩层平均容重为23kN/m³，1^{-2} 煤层和 2^{-2} 煤层平均埋深分别为110m和145m，1^{-2} 煤层底板岩层内摩擦角为42°，岩层垮落角为50°，1^{-2} 煤层与 2^{-2} 煤层平均间距为35m，1^{-2} 煤层开采平均周期性垮落步距为11.8m，1^{-2} 煤层最大控顶距为6m。将以上参数代入式(5.12)、式(5.13)、式(5.14)可得 $W_{min}=81\text{m}$，$J_{max}=69.2\text{m}$，$J_{min}=56\text{m}$。

开采实践中，由于减压区范围较小，不便于工作面走向错距布置。可采用稳压区原理计算错距，使下煤层避免上煤层叠合应力的影响。同采工作面走向错距按照稳压式确定，即错距大于81m。

考虑初次来压和周期来压步距的影响，应当对工作面走向错距进行修正。

(1) 初采阶段。根据现场实测，工作面覆岩初次垮落步距较大。初采阶段，应该考虑上煤层初次垮落步距的影响，经验公式为

$$W_C = W_{min} + 1.4L_C$$

1^{-2} 煤层初次垮落步距 $L_C = 29.7$m，计算可得初采阶段 2^{-2} 与 1^{-2} 煤层工作面走向错距 W_C 应大于 123m。

(2) 正常回采期间，考虑周期性垮落影响，根据工程经验，同采工作面错距修正为

$$W_Z = W_{min} + 2L_Z$$

1^{-2} 煤层周期性垮落步距 $L_Z = 11.8$m，计算可得正常回采期间 2^{-2} 煤层与 1^{-2} 煤层同采工作面走向错距应大于 105m，大约为间隔岩层厚度的 3 倍，即 $3h$。

3. 煤层群科学开采的工作面布置方式

根据柠条塔煤矿北翼东区煤层群开采条件，通过实验和理论分析，最终确定的合理上下煤层区段煤柱错距为 40～66m，走向错距在初采阶段为 123m，正常回采期间为 105m。如此，可避免上下煤层区段煤柱集中应力叠加和煤柱支撑影响区的岩层非均匀沉降，实现煤层群开采的应力和裂缝耦合控制。柠条塔煤矿北翼东区浅埋近距离煤层群科学开采工作面布置方式如图 5.17 所示。

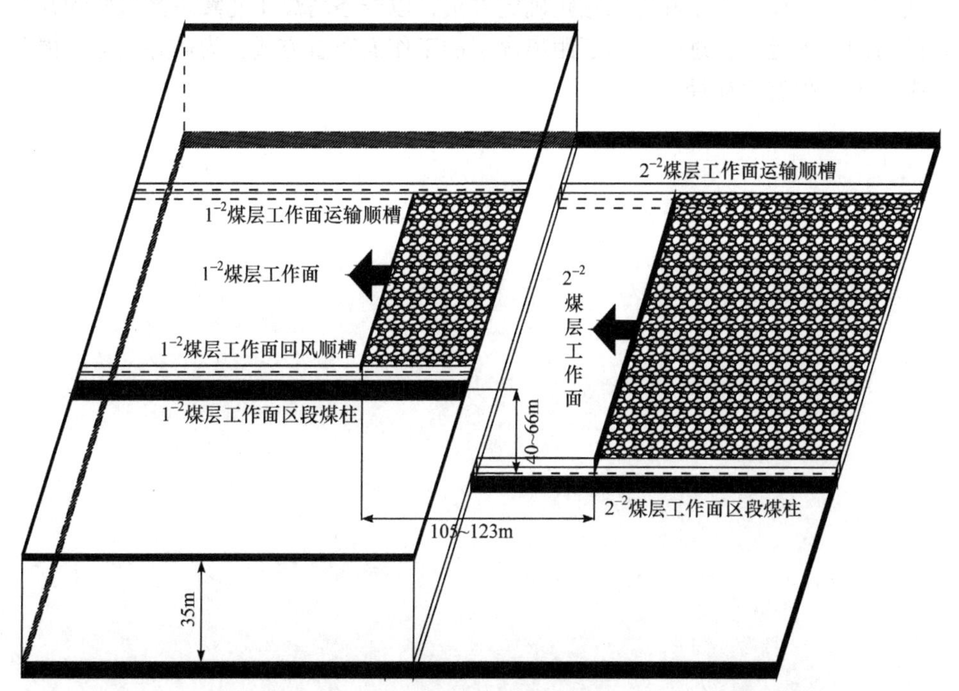

图 5.17　柠条塔煤矿北翼东区浅埋近距离煤层群科学开采工作面布置方式

5.4 本章小结

(1) 在浅埋近距离煤层群开采过程中，随着上、下煤层区段煤柱错距的增大，下煤层区段煤柱垂直应力呈现先降低后升高的特征，存在减压区。区段煤柱两侧地表裂缝是主要的控制对象，可以通过合理区段煤柱错距使地表裂缝减小或闭合。

(2) 煤柱集中应力和地表裂缝都与煤柱倒梯形结构引起的不均匀沉降有关。通过合理布置上下煤柱错距，可以减弱煤柱支撑区的不均匀沉降，既可以减小煤柱集中应力，又可以减轻地表裂缝发育，存在耦合控制效应。

(3) 多煤层重复开采时，上下煤层区段煤柱倒梯形结构相互组合，形成连续的“煤柱群倒梯形结构”，根据不同错距的煤柱倒梯形结构衔接关系，可分为四种煤柱群结构类型，即叠置增压增损型、错置减压型、错置减压减损型、错置减损型。其中，形成减压减损型结构的错距布置方式是理想的工作面布置方式。

(4) 煤层群上下煤层同时开采时需要确定合理的工作面走向错距(下煤层工作面滞后距离)。随着上下煤层工作面走向错距增大，工作面开采互相影响减小。当走向错距大于 2～3 倍层间距时，互相影响较小。

(5) 为实现浅埋近距离煤层群开采井下减压与地表减损，给出了上下煤层工作面倾向区段煤柱错距和走向错距确定方法，以柠条塔煤矿北翼东区地质和开采条件为例，确定了合理的浅埋近距离煤层群工作面布置方式，为矿井安全减损开采提供了一种有效途径。

第 6 章　浅埋近距离煤层群顶板结构及支架支护阻力

浅埋近距离煤层群开采强度大，多次开采造成地层垮落充分，顶板结构与单一煤层开采既有联系又有区别。本章在《浅埋煤层长壁开采顶板结构及岩层控制研究》[5]一书建立的浅埋煤层岩层控制理论基础上，进一步研究浅埋近距离煤层群顶板结构，进行浅埋近距离煤层群分类，构建顶板结构模型，丰富和拓展浅埋近距离煤层群开采顶板结构理论，为顶板控制实践提供科学依据。

6.1　浅埋单一煤层开采顶板结构及支架工作阻力确定

浅埋煤层埋藏浅，采场顶板来压剧烈，不仅威胁工作面作业安全，还提高了支护成本。确定合理的支护阻力，必须摸清液压支架与顶板结构的相互作用关系，以顶板最危险的状态作为确定支架载荷的依据。研究表明，浅埋单一煤层工作面在初次来压和周期来压期间，顶板难以形成稳定的岩梁结构，顶板结构容易出现滑落失稳，支架主要承受结构失稳形成的压力，支架工作处于“给定失稳载荷”状态。基于多年的研究，本节建立浅埋单一煤层初次来压与周期来压的顶板结构模型，确定支架支护阻力的计算方法[4]。

6.1.1　老顶初次来压顶板结构分析

1. 非对称三铰拱结构

根据现场实测与模拟研究，采场初次来压的老顶破断具有不对称性。一般而言，靠工作面煤壁侧的岩块长度大于开切眼侧。两岩块形成非对称三铰拱结构，铰接处为塑性铰，建立非对称三铰拱结构力学模型[10]，如图 1.1 所示。

接触面高度 a[94]：

$$a = \frac{1}{2}(h - l_{01}\sin\theta_1) \tag{6.1}$$

式中，h 为老顶关键层厚度；l_{01} 为岩块 I 的长度；θ_1 为岩块 I 的回转角。

由于岩块间为塑性铰接触关系，水平力 T 作用点的位置取 $a/2$ 处。取 $\sum M_A = 0$，$\sum M_C = 0$，$\sum Y = 0$，并将式(6.1)代入，得

$$T = \frac{P_{02}l_{01}(l_{01} + l_{02}) + l_{01}l_{02}(P_{01} - P_{02})}{(l_{01} + l_{02})(h + l_{01}\sin\theta_1)} \tag{6.2}$$

$$Q_{\rm A}=\frac{P_{01}+P_{02}}{2}+\frac{l_{02}(P_{01}-P_{02})}{2(l_{01}+l_{02})} \tag{6.3}$$

式中，P_{01}、P_{02}分别为岩块Ⅰ、Ⅱ承受的载荷；$Q_{\rm A}$为 A 接触铰上的摩擦剪力；l_{01}、l_{02}分别为岩块Ⅰ、Ⅱ的长度。

令$\frac{l_{01}}{l_{02}}=\frac{P_{01}}{P_{02}}=K$，$i=\frac{h}{l_{01}}$，设$P=P_{01}+P_{02}$，则式(6.2)和式(6.3)简化为

$$T=\frac{2KP}{(1+K)^2(i-\sin\theta_1)} \tag{6.4}$$

$$Q_{\rm A}=\frac{(K^2+3K)P}{2(1+K)^2} \tag{6.5}$$

老顶初次来压步距$L_{\rm 1T}^*$为

$$L_{\rm 1T}^*=h\sqrt{\frac{\sigma_{\rm c}^*}{5\rho g(h+h_1)}} \tag{6.6}$$

岩块长度l_{01}为

$$l_{01}=\frac{K}{1+K}L_{\rm 1T}^* \tag{6.7}$$

式中，i为岩块块度；h_1为载荷层厚度，m；ρg为岩层的容重，kN/m^3；$\sigma_{\rm c}^*$为关键层的抗压强度，MPa。

2. 老顶触矸后的单斜岩块结构

如图 6.1 所示，老顶岩块Ⅰ触矸后逆向回转，此时前后岩块基本为弱接触状态，岩块的水平力由岩块与矸石的摩擦阻力提供，设$\tan\varphi'$为岩块与矸石的摩擦系数，则$T=Q_{\rm D}\tan\varphi'$。此时，岩块回转角θ_1达到最大值$\theta_{\rm 1max}$，$\theta_{\rm 1max}$由式(6.8)确定：

$$\theta_{\rm 1max}=\arcsin\frac{m-(K_{\rm p}-1)\sum h}{l_{01}} \tag{6.8}$$

式中，m为采高，m；$\sum h$为直接顶厚度，m；$K_{\rm p}$为顶板碎胀系数。

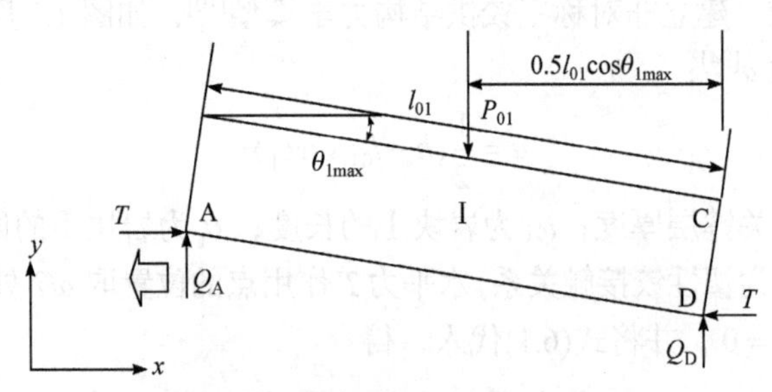

图 6.1　老顶单斜岩块结构受力图

$Q_{\rm D}$为 D 接触铰上的摩擦剪力，kN/m

对岩块 I 取 $\sum M_{\mathrm{A}}=0$，$\sum Y=0$，解得

$$Q_{\mathrm{A}}=\left[1-\frac{1+2i\tan\theta_{1\max}}{2(1-\tan\varphi'\tan\theta_{1\max})}\right]P_{01} \tag{6.9}$$

$$T=\frac{(1+2i\tan\theta_{1\max})\tan\varphi'}{2(1-\tan\varphi'\tan\theta_{1\max})}P_{01} \tag{6.10}$$

3. 老顶初次来压支护力

浅埋近距离煤层群老顶初次来压时，老顶岩块的滑落失稳对工作面的威胁最大，需要支架具有一定的支护力来控制老顶结构的滑落失稳。

1) 控制非对称三铰拱结构滑落失稳的支护力

控制非对称三铰拱结构滑落失稳的条件为

$$T\tan\varphi+R_{01}\geqslant Q_{\mathrm{A}} \tag{6.11}$$

式中，R_{01} 为控制非对称三铰拱结构滑落失稳提供的支护力，kN/m。

根据浅埋近距离煤层群条件，取 $K=1.5$，$\tan\varphi=0.5$，将式(6.4)和式(6.5)代入式(6.11)，得

$$R_{01}\geqslant\left(0.54-\frac{0.24}{i-\sin\theta_1}\right)P_{01} \tag{6.12}$$

2) 控制单斜岩块结构滑落失稳的支护力

控制单斜岩块结构滑落失稳的条件为

$$T\tan\varphi+R_{02}\geqslant Q_{\mathrm{A}} \tag{6.13}$$

式中，R_{02} 为控制单斜岩块结构滑落失稳提供的支护力，kN/m。

根据浅埋近距离煤层群条件，取 $\tan\varphi'=0.6$，$\tan\varphi=0.5$，将式(6.9)和式(6.10)代入式(6.13)，得

$$R_{02}\geqslant\left[1-\frac{1.3(1+2i\tan\theta_{1\max})}{2(1+0.6\tan\theta_{1\max})}\right]P_{01} \tag{6.14}$$

3) 初次来压期间支架的支护力确定

一般而言，老顶岩块实际回转角可达 3°，浅埋近距离煤层群工作面老顶初次来压期间的块度 i 一般为 0.7～0.9，因此控制非对称三铰拱结构滑落失稳的支护力为

$$R_{01}\geqslant(0.17\sim0.26)P_{01} \tag{6.15}$$

根据工程实际开采参数，岩块触矸后的最大回转角 $\theta_{1\max}=8°$，取块度 i 为 0.7～0.9，因此控制单斜岩块结构滑落失稳的支护力为

$$R_{02}\geqslant(0.11\sim0.15)P_{01} \tag{6.16}$$

4. 老顶初次来压期间支架合理支护阻力的确定

1) 支架支护阻力的构成

建立浅埋近距离煤层群老顶初次来压的支架-围岩关系模型，如图 6.2 所示。支架的支护阻力 P_{m0} 由直接顶岩柱的重量 W 和老顶结构滑落失稳传递的压力 R_{D0} 两部分组成：

$$P_{m0} = W + R_{D0} \tag{6.17}$$

$$W = l_k b \sum h \rho g \tag{6.18}$$

式中，l_k 为支架控顶距，m；b 为支架宽度，m；$\sum h$ 为直接顶厚度，m。

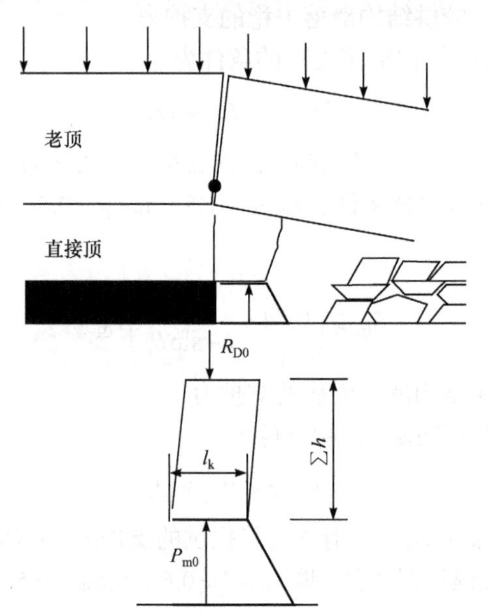

图 6.2　老顶初次来压的支架-围岩关系模型

老顶结构滑落失稳传递的压力 R_{D0} 为

$$R_{D0} = bR_{01} \tag{6.19}$$

由式(6.12)和式(6.19)，得

$$R_{D0} \geqslant b\left(0.54 - \frac{0.24}{i - \sin\theta_1}\right)P_{01} \tag{6.20}$$

2) 老顶岩块载荷的确定

浅埋单一煤层上覆载荷层厚度大，并非所有的载荷层重量都能传递到老顶岩块，存在载荷传递效应。因此，定义载荷传递系数 K_{G0} ($K_{G0} \leqslant 1$)，它既与载荷层的力学性质、厚度与岩块长度之比、含水性等岩层性质有关，也与载荷层在该状

态的作用时间有关，表示为

$$K_{G0}=K_{r0}K_{t0} \tag{6.21}$$

式中，K_{r0} 为与老顶岩块长度及载荷层岩性有关的载荷传递岩性因子；K_{t0} 为载荷传递的时间因子。

顶板岩块载荷构成如图 6.3 所示。分析可得，P_{01} 由老顶关键层重量 P_{0G} 和载荷层传递的重量 P_{0Z} 组成：

$$P_{01}=P_{0G}+P_{0Z} \tag{6.22}$$

$$P_{0G}=hl_{01}\rho g \tag{6.23}$$

$$P_{0Z}=K_{G0}h_1l_{01}\rho_1 g \tag{6.24}$$

式中，$\rho_1 g$ 为载荷层平均容重，kN/m^3。

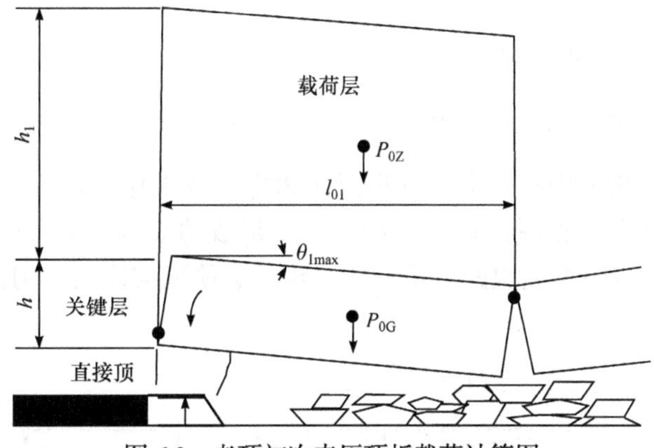

图 6.3　老顶初次来压顶板载荷计算图

当载荷层厚度很大时，依据太沙基土压力原理，载荷层作用于老顶岩块的载荷为

$$P_{0Z}=\frac{\rho_1 g l_{01}^2}{2\lambda\tan\varphi},\quad h_1\geqslant(1.5\sim2.5)l_{01} \tag{6.25}$$

长时状态下，取 $K_{t0}=1$，由式(6.24)和式(6.25)，得

$$K_{r0}=\frac{l_{01}}{2h_1\lambda\tan\varphi} \tag{6.26}$$

由式(6.21)和式(6.26)，得

$$K_{G0}=\frac{l_{01}}{2h_1\lambda\tan\varphi}K_{t0} \tag{6.27}$$

式中，φ 为载荷层内摩擦角，(°)；λ 为载荷层侧向应力系数，$\lambda=1-\sin\varphi$。

因此，得出初次来压时老顶岩块的载荷为

$$P_{01} = hl_{01}\rho g + K_{G0}h_1 l_{01}\rho_1 g \tag{6.28}$$

3) 老顶初次来压支护阻力的确定

由式(6.17)、式(6.18)、式(6.20)和式(6.28)得浅埋近距离煤层群老顶初次来压支护阻力为

$$P_{m0} \geqslant l_k b\sum h\rho g + b(hl_{01}\rho g + K_{G0}h_1 l_{01}\rho_1 g)\left(0.54 - \frac{0.24}{i - \sin\theta_1}\right) \tag{6.29}$$

考虑支架的支护效率，则工作面初次来压期间的支架合理支护阻力为

$$P_{G0} = \frac{P_{m0}}{\mu} \tag{6.30}$$

式中，μ 为支架的支护效率。

6.1.2 老顶周期来压顶板结构分析

1. 老顶“短砌体梁”结构模型

根据现场实测和模拟研究，浅埋近距离煤层群工作面顶板关键层周期性破断后，老顶岩块的块度 i 接近于 1 或大于 1，形成的铰接岩梁可称为短砌体梁结构。按照砌体梁结构关键块的分析方法，建立老顶短砌体梁结构关键块的模型，如图 6.4 所示。

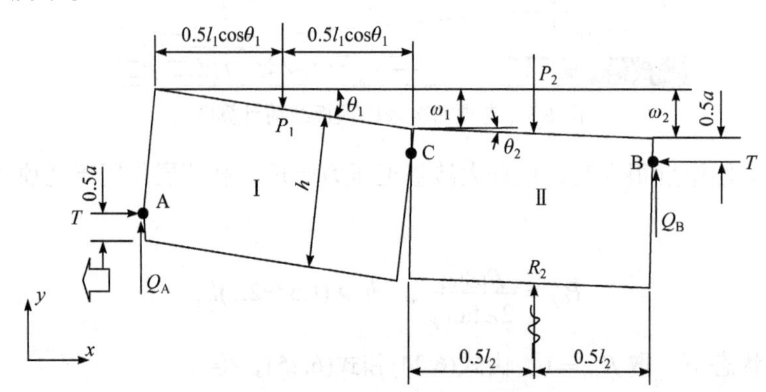

图 6.4 短砌体梁结构关键块模型

P_1、P_2 分别为岩块Ⅰ、Ⅱ承受的载荷，kN/m；R_2 为岩块Ⅱ的支承反力，kN/m；θ_1、θ_2 分别为岩块Ⅰ、Ⅱ回转角，(°)；a 为接触面高度，m；Q_A、Q_B 分别为接触铰 A、B 上的剪力，kN/m；l_1、l_2 分别为岩块Ⅰ、Ⅱ的长度，m；ω_1、ω_2 分别为岩块Ⅰ、Ⅱ的下沉量，m

图 6.6 中，由于 θ_2 很小，P_2 作用点的位置忽略了 $\cos\theta_2$ 项。岩块Ⅰ在采空区的下沉量 ω_1 与直接顶厚 $\sum h$、采高 m 和岩石碎胀系数 K_p 有如下关系：

$$\omega_1 = m - (K_p - 1)\sum h \tag{6.31}$$

岩块端角挤压接触面高度近似为

$$a = \frac{1}{2}(h - l_1 \sin\theta_1) \tag{6.32}$$

鉴于岩块间的接触是塑性铰接关系，图 6-6 中水平力 T 作用点可取 $0.5a$ 处。

2. 老顶“短砌体梁”结构关键块的受力分析

由于老顶岩层周期性破断的受力条件基本一致，可认为 $l_1 = l_2 = l$ 。取 $\sum M_A$ =0，并近似认为 $R_2 = P_2$ ，可得

$$Q_B(l\cos\theta_1 + h\sin\theta_1 + l_1) - P_1(0.5l\cos\theta_1 + h\sin\theta_1) + T(h - a - \omega_2) = 0 \tag{6.33}$$

同理，对岩块Ⅱ取 $\sum M_C$ =0，$\sum Y$ =0，得

$$Q_B = T\tan\theta_2 \tag{6.34}$$

$$Q_A + Q_B = P_1 \tag{6.35}$$

由几何关系可知 $\omega_1 = l\sin\theta_2$ ，$\omega_2 = l(\sin\theta_1 + \sin\theta_2)$ 。根据相关文献，$\theta_2 \approx \frac{1}{4}\theta_1$ ，则有 $\sin\theta_2 \approx \frac{1}{4}\sin\theta_1$ 。令 $i = \frac{h}{l}$ 为老顶岩块的块度，由式(6.33)、式(6.34)和式(6.35)可得

$$T = \frac{4i\sin\theta_1 + 2\cos\theta_1}{2i + \sin\theta_1(\cos\theta_1 - 2)}P_1 \tag{6.36}$$

$$Q_A = \frac{4i - 3\sin\theta_1}{4i + 2\sin\theta_1(\cos\theta_1 - 2)}P_1 \tag{6.37}$$

Q_A 为老顶岩块与前方未断岩层间的剪力，顶板稳定性取决于 Q_A 与水平力 T 的大小。浅埋近距离煤层群工作面顶板周期破断的块度比较大，根据几个工作面的实测结果，i 为 1.0～1.4；水平力 T 随块度 i 的增大而减小，剪力 Q_A = (0.93～1.00)P_1。可见，工作面上方岩块的重量几乎全部由位于煤壁之上的前支点承担。

3. 老顶“台阶岩梁”结构分析

由浅埋近距离煤层群工作面现场实测和模拟实验发现，开采过程中顶板存在架后切落(滑落失稳)现象。架后切落前，老顶关键块的前铰点位于架后，老顶悬伸岩梁端角受水平力和向下剪切力的复合作用，端角挤压系数仅为 0.13[5,13]。根据 S-R 稳定条件，此时更容易出现滑落失稳，说明浅埋近距离煤层群工作面顶板架后切落并不是偶然现象。

老顶架后切落形成的结构形态如图 6.5 所示，可以形象地称为台阶岩梁结构。结构中岩块 N 完全落在垮落岩石上，岩块 M 随工作面推进回转受到岩块 N

在 B 处的支撑。此时岩块 N 基本上处于压实状态，可取 R_2=P_2。岩块 N 的下沉量由式(6.31)确定，可取 K_p=1.3。

取 $\sum M_B = 0$ ，$\sum M_A = 0$ ，并代入式(6.35)，得

$$Q_A = P_1 \tag{6.38}$$

$$T = \frac{lP_1}{2(h-a-\omega)} \tag{6.39}$$

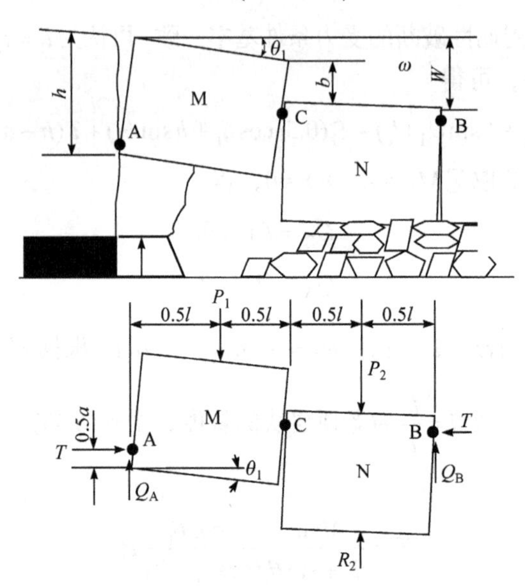

图 6.5　老顶台阶岩梁结构模型

P_1、P_2 分别为岩块 M、N 承受的载荷，kN/m；R_2 为岩块 N 的支承反力，kN/m；θ_1 为岩块 M 的回转角，(°)；a 为接触面高度，m；Q_A、Q_B 分别为接触铰 A、B 上的剪力，kN/m；l 为岩块长度，m

由图 6.5，岩块 M 达到最大回转角时，b=0，则有

$$\sin\theta_{1\max} = \frac{\omega}{l} \tag{6.40}$$

水平力还可以用另一种形式表达：

$$T = \frac{P_1}{i - 2\sin\theta_{1\max} + \sin\theta_1} \tag{6.41}$$

4. 老顶周期来压的支护力

浅埋近距离煤层群短砌体梁和台阶岩梁这两种结构都难以保持自身稳定，出现滑落失稳，这是浅埋近距离煤层群工作面顶板来压强烈和存在顶板台阶下沉现象的根本原因。因此，浅埋近距离煤层群老顶周期来压控制的根本任务是控制顶板滑落失稳。

必须对顶板结构提供一定的支护力 R，才能控制滑落失稳，其条件为

$$T\tan\varphi + R = Q_A \tag{6.42}$$

1) 确定控制短砌体梁结构滑落失稳的支护力

将式(6.36)和式(6.37)代入式(6.42)，取 $\tan\varphi$=0.5，得

$$R \geqslant \frac{4i(1-\sin\theta_1)-3\sin\theta_1-2\cos\theta_1}{4i+2\sin\theta_1(\cos\theta_1-2)}P_1 \tag{6.43}$$

回转角 θ_1 由式(6.44)确定：

$$\sin\theta_1 = \frac{m-(K_p-1)\sum h}{l} \tag{6.44}$$

R/P_1 与块度和回转角的关系如图 6.6 所示，可见控制短砌体梁结构滑落失稳的支护力随老顶块度的增大而增大，随回转角的增大而减小。

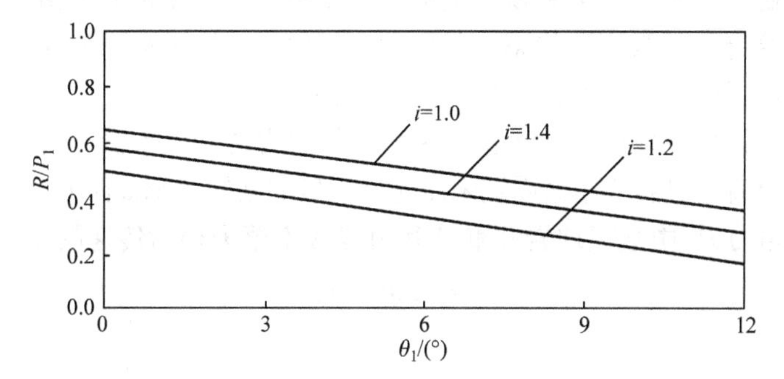

图 6.6　“短砌体梁”结构 R/P_1 与 i 和 θ_1 的关系

2) 确定控制台阶岩梁结构滑落失稳的支护力

将式(6.38)和式(6.41)代入式(6.42)，取 $\tan\varphi$=0.5，得

$$R_z \geqslant \frac{i-2\sin\theta_{1\max}+\sin\theta_1-0.5}{i-2\sin\theta_{1\max}+\sin\theta_1}P_1 \tag{6.45}$$

R_z/P_1 与 i、θ_1 (8°为实线，12°为虚线)的关系如图 6.7 所示，支护力随老顶块度的增大而增大，随回转角的增大而增大。

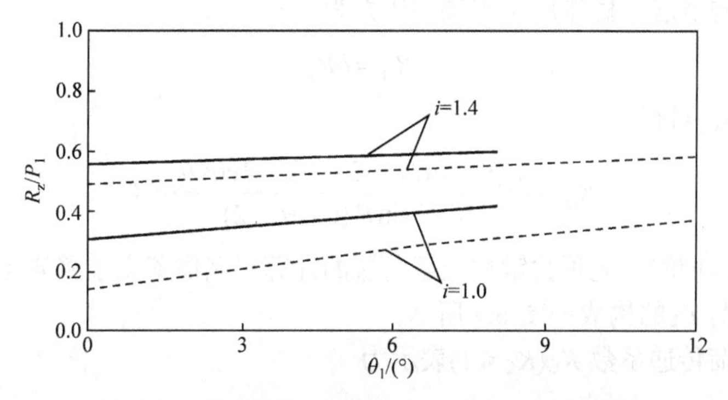

图 6.7　“台阶岩梁”结构 R_z/P_1 与 i、θ_1 的关系

一般条件下，i 取 1.0～1.4，$\theta_{1\max}$ 为 8°～12°，θ_1 一般为 4°～6°，控制台阶岩梁滑落失稳的支护力 R_z=(0.23～0.59) P_1，控制短砌体梁结构滑落失稳的支护力 R=(0.2～0.5) P_1。两种结构的支护力都随老顶结构关键块的块度增大而增大，但随回转角增大，短砌体梁结构所需的支护力减小，而台阶岩梁结构所需的支护力增大。

5. 老顶周期来压期间支架支护阻力的确定

分析浅埋近距离煤层群采场周期来压的结构，顶板主要有短砌体梁和台阶岩梁两种结构类型。两种结构都属于滑落失稳类型，必须提供必要的支护力才能维持顶板结构稳定，即由支架和顶板结构共同作用来平衡顶板的滑落失稳力。支架工作处于“给定失稳载荷”状态，载荷大小随顶板结构运动而变化，这就是浅埋近距离煤层群周期来压期间的支架-围岩作用关系。

下面首先以短砌体梁结构为例，说明支护阻力的确定方法。

浅埋近距离煤层群工作面周期来压时顶板最危险的状态如图 6.8 所示，工作面支架的支护阻力 P_m 由直接顶岩柱重量 W 和老顶滑落失稳所传递的压力 R_D 组成：

$$P_m = W + R_D \tag{6.46}$$

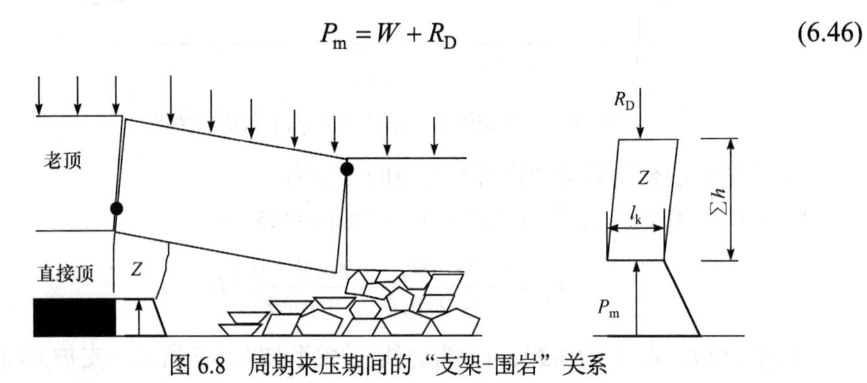

图 6.8　周期来压期间的“支架-围岩”关系

老顶结构滑落失稳作用于支架的压力为

$$R_D = bR$$

代入式(6.43)，可得

$$R_D \geqslant \frac{4i(1-\sin\theta_1)-3\sin\theta_1-2\cos\theta_1}{4i+2\sin\theta_1(\cos\theta_1-2)} bP_1 \tag{6.47}$$

周期来压期间，老顶关键块上载荷层的计算仍然借鉴太沙基岩土压力计算原理，顶板载荷 P_1 的构成如图 6.9 所示。

考虑载荷传递系数 $K_G(K_G \leqslant 1)$表示为

$$K_G = K_r K_t$$

式中，K_r 为载荷传递岩性因子；K_t 为载荷传递的时间因子。

由图 6.9 可知，老顶关键块的载荷 P_1 由老顶关键层重量 P_G 和载荷层传递的重量 P_Z 组成：

$$P_1=P_G+P_Z \tag{6.48}$$

$$P_G = hl\rho g \tag{6.49}$$

$$P_Z = K_G h_1 l \rho_1 g \tag{6.50}$$

式中，h 为老顶关键层厚度，m；l 为关键块长度(周期来压步距)，m；ρg 为基岩容重，kN/m^3；h_1 为载荷层厚度，m；$\rho_1 g$ 为载荷平均容重，kN/m^3；$K_G(K_G \leqslant 1)$为载荷传递系数。

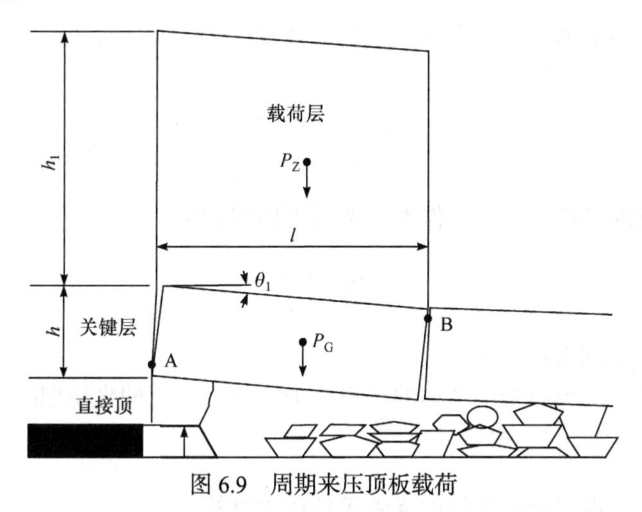

图 6.9　周期来压顶板载荷

由于载荷层厚度大，仍然按太沙基土压力计算原理近似估算载荷传递系数。作用于老顶岩块的载荷为

$$P_Z = \frac{\rho_1 g l^2}{2\lambda \tan\varphi}，\quad h_1 \geqslant (1.5\sim2.5)l \tag{6.51}$$

在长时间状态下，取 $K_t=1$，联立式(6.50)和式(6.51)可得周期来压时载荷传递岩性因子：

$$K_r = \frac{l}{2h_1\lambda\tan\varphi} \tag{6.52}$$

由此可得周期来压载荷传递系数为

$$K_G = \frac{l}{2h_1\lambda\tan\varphi}K_t \tag{6.53}$$

式中，φ 为载荷层的内摩擦角，(°)；λ 为载荷层侧应力系数。

K_t随工作面推进速度的增大而减小，当推进速度降低到一定速度时，K_t=1。

由于老顶周期破断步距 l 小于初次来压时的 l_{01}，由式(6.52)和式(6.53)可知，一般情况下载荷传递系数$K_G < K_{G0}$，这符合通常观察到的实际情况。

由式(6.48)、式(6.49)和式(6.50)可得作用于关键块的载荷为

$$P_1 = hl\rho g + K_G h_1 l \rho_1 g \text{ ，} \quad h_1 \geqslant (1.5 \sim 2.5)l \tag{6.54}$$

由式(6.46)、式(6.18)和式(6.47)可得，短砌体梁结构条件下，控制顶板所需的支护阻力为

$$P_{\mathrm{m}} \geqslant l_{\mathrm{k}} b \sum h\rho g + \frac{4i(1-\sin\theta_1) - 3\sin\theta_1 - 2\cos\theta_1}{4i + 2\sin\theta_1(\cos\theta_1 - 2)} bP_1 \tag{6.55}$$

按与短砌体梁结构支护阻力相同的计算方法,可以求得台阶岩梁结构条件下，控制顶板所需的支护阻力为

$$P_{\mathrm{m}} \geqslant l_{\mathrm{k}} b \sum h\rho g + \frac{i - 2\sin\theta_{1\max} + \sin\theta_1 - 0.5}{i - 2\sin\theta_{1\max} + \sin\theta_1} bP_1 \tag{6.56}$$

考虑支架的支护效率，工作面支架的工作阻力为

$$P_{\mathrm{G}} = \frac{P_{\mathrm{m}}}{\mu} \tag{6.57}$$

式中，μ 为支架的支护效率。

一般情况下，台阶岩梁结构的顶板压力比较大，周期来压期间的支架支护阻力可按照台阶岩梁结构进行计算和确定。

6.1.3 浅埋单一煤层开采工作面支架工作阻力计算

以柠条塔煤矿 2^{-2} 煤层地质及开采条件为例，计算工作面支架工作阻力。1^{-2} 煤层工作面顶板关键层厚度 h = 10m，周期来压步距l = 13m，直接顶容重 ρg = 25kN/m^3，载荷层容重 $\rho_1 g$ = 23kN/m^3，载荷层厚度 h_1 = 40m，采高 m = 1.6m，支架宽度 b = 1.75m，控顶距l_{k} = 5.0m，直接顶厚度$\sum h$ =4m，实验确定载荷传递系数 K_G = 0.68。

按台阶岩梁结构理论，$\sin\theta_{1\max} = \dfrac{m - 0.2\sum h}{l} = 0.06$，可得 $\theta_{1\max}$ = 3.4°。岩块块度$i = \dfrac{h}{l} = 0.78$，取回转角 θ_1 = 3°，将相关参数代入式(6.5)，得支架工作阻力为

$$P_{\mathrm{m}} = W + bR_1 = l_{\mathrm{k}} b \sum h\rho g + b\frac{i - \sin\theta_{1\max} + \sin\theta_1 - 0.5}{i - 2\sin\theta_{1\max} + \sin\theta_1}(hl\rho_1 g + K_G h_1 l \rho_1 g) = 8272(\mathrm{kN})$$

理论计算得出，1^{-2} 煤层控制顶板所需要的支架合理支护阻力为 8272kN。

考虑富余系数，取 1.1，可得合理的支架额定工作阻力为

$$P_{\mathrm{m}} = 1.1 \times 8272 = 9099(\mathrm{kN})$$

理论计算得出 1^{-2} 煤层工作面支架额定工作阻力为 9099kN。实测 1^{-2} 煤层工作面支架工作阻力为 7968～9542kN，工作阻力在 8000kN 以内的支架占 70%左右，工作阻力大于 8500kN 的支架仅占 5.3%。理论计算得出的支架额定工作阻力与现场实测结果基本吻合。

6.2 浅埋近距离煤层群顶板结构及支架工作阻力确定

陕北侏罗纪煤田可采煤层一般 2～3 层，煤层距离近，存在相互影响，属于浅埋近距离煤层群。多数矿井已进入下部煤层开采，工作面存在动压灾害，会造成压架等事故，浅埋近距离煤层群开采问题日益凸显。确定合理的支架载荷，既要防止支护不安全，也要避免过度支护。本节以间隔层的关键层特征，进行浅埋近距离煤层群分类，并建立各类顶板结构模型，给出工作面合理支护阻力的确定方法，为浅埋近距离煤层群岩层控制提供理论依据[95]。

6.2.1 浅埋近距离煤层群分类

对浅埋近距离煤层群进行科学分类，有利于分类构建结构模型，进行顶板控制。根据实测与物理相似材料模拟结果，得到间采比(间隔岩层厚度与采高之比)和层间关键层数是决定顶板结构类型和矿压特征的关键指标，据此提出浅埋近距离煤层群分类。

(1) 浅埋极近距离煤层(Ⅰ类)：间隔岩层厚度小，间隔岩层无关键层，间采比一般小于 3.3。矿压特征为间隔岩层随采随垮，一般不能形成关键层铰接结构，工作面矿压主要受上煤垮落顶板影响，顶板来压具有分区特征，工作面动载系数较小。

(2) 浅埋单一关键层近距离煤层(Ⅱ类)：间隔岩层存在单一关键层，间隔岩层厚度为采高的 3.3～7.3 倍，即间采比为 3.3～7.3，表现为典型浅埋薄基岩煤层矿压特点。间隔岩层关键层形成台阶岩梁结构，来压动载系数较大。

(3) 浅埋双关键层近距离煤层(Ⅲ类)：间隔岩层厚度大，可形成双关键层结构，间隔岩层厚度为采高的 5.3～11.3 倍，顶板来压类似于近浅埋煤层，具有大小周期来压。

6.2.2 浅埋极近距离煤层群顶板结构分析

1. 顶板活化结构模型

工作面支架支护阻力应当按照顶板结构运动最危险状态确定。根据物理相似

材料模拟，浅埋极近距离煤层间隔层顶板随采随垮，表现为直接顶作用，顶板来压主要受上煤层垮落顶板活化结构的影响，下煤层工作面来压表现为宽缓的分区特征。下煤层工作面处于上煤层采空区顶板沉降压实段时，垮落顶板被二次开采活化，形成“斜柱条岩梁”结构，导致大周期来压。建立顶板“斜柱条岩梁”结构力学模型如图 6.10 所示[74]。

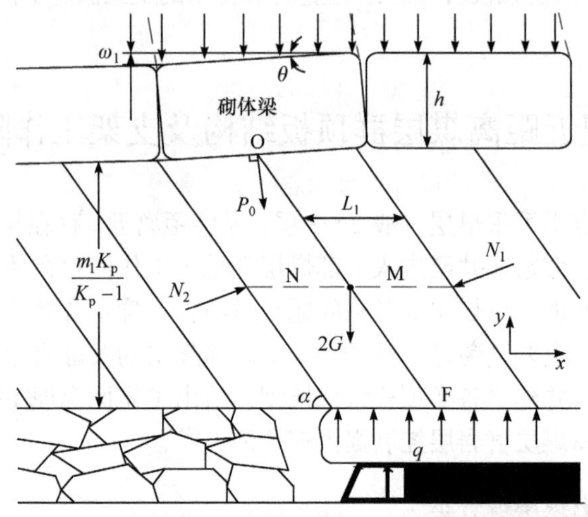

图 6.10 浅埋极近距离煤层顶板“斜柱条岩梁”结构

ω_1 为砌体梁块的下沉量，m；θ 为下煤层开采砌体梁块回转角，(°)；h 为砌体梁岩块厚度，m；P_0 为砌体梁结构传递载荷，kN；L_1 为斜柱条岩梁断裂步距，m；N_1、N_2 分别为前、后方斜柱条岩梁作用力，kN；m_1 为上煤层采高，m；K_p 为岩石碎胀系数；G 为一个步距斜柱条岩梁的自重，kN；α 为斜柱条岩梁与水平方向夹角，(°)；q 为间隔层对上覆结构反作用力，kN/m

2. 支护阻力确定

以图 6.10 中 M、N 为对象进行分析，取 $\sum F_x = 0$，$\sum M_\mathrm{O} = 0$，$\sum M_\mathrm{F} = 0$，可得

$$P_0\sin\theta + N_2\sin\alpha = N_1\sin\alpha \tag{6.58}$$

$$\begin{aligned}&\frac{2Gm_1K_\mathrm{p}}{2(K_\mathrm{p}-1)\tan\alpha} + N_1\left[\frac{m_1K_\mathrm{p}}{2(K_\mathrm{p}-1)\sin\alpha} + L_1\cos\alpha\right]\\&= N_2\left[\frac{m_1K_\mathrm{p}}{2(K_\mathrm{p}-1)\sin\alpha} - L_1\cos\alpha\right] + 2qL_1\frac{m_1K_\mathrm{p}}{(K_\mathrm{p}-1)\tan\alpha}\end{aligned} \tag{6.59}$$

$$\begin{aligned}&\frac{2Gm_1K_\mathrm{p}}{2(K_\mathrm{p}-1)\tan\alpha} + N_1\left[\frac{m_1K_\mathrm{p}}{2(K_\mathrm{p}-1)\sin\alpha} - L_1\cos\alpha\right] + P_0\frac{m_1K_\mathrm{p}\cos(\alpha+\theta)}{(K_\mathrm{p}-1)\sin\alpha}\\&= N_2\left[\frac{m_1K_\mathrm{p}}{2(K_\mathrm{p}-1)\sin\alpha} + L_1\cos\alpha\right]\end{aligned} \tag{6.60}$$

式中，

$$G = bL_1 \frac{m_1 K_p}{(K_p - 1)} \rho_1 g \tag{6.61}$$

根据几何关系，有

$$\sin\theta = \frac{\omega_1}{2L_1}, \quad \omega_1 = m_2 - \left(K_p - 1\right)\sum h \tag{6.62}$$

式中，b 为支架宽度，m；$\rho_1 g$ 为斜柱条岩梁区岩块容重，kN/m^3；m_2 为下煤层采高，m；$\sum h$ 为间隔层(直接顶)厚度，m。

砌体梁块及其上覆载荷为

$$P_0 = b(P_G + Q) \tag{6.63}$$

$$P_G = 2hL_1\rho g \tag{6.64}$$

根据普氏理论[78]，卸荷拱内岩石的重量为

$$Q = \frac{4}{3}\frac{\rho_1 g L_1^2}{f} \tag{6.65}$$

式中，Q 为卸荷拱内岩石的重量；$\rho_1 g$ 为卸荷拱内岩块容重，kN/m^3；f 为岩石坚硬性系数；P_G 为关键块的载荷，kN/m；ρg 为砌体梁岩块容重，kN/m^3。

支架上的载荷由直接顶重量 W 及上顶板结构载荷组成，均布载荷 q 对支架的作用至少为一个斜柱条岩梁的步距，支架的支护阻力 P 为

$$P = W + bqL_1 \tag{6.66}$$

$$W = bl_k \sum h\rho_1 g \tag{6.67}$$

式中，W 为直接顶的重量，kN；l_k 为支架的控顶距，m；$\rho_1 g$ 为间隔层容重，kN/m^3。

由式(6.58)～式(6.61)，解得

$$q = \frac{m_1 K_p \rho_1 g}{K_p - 1} + \frac{P_0 \sin\alpha\cos(\alpha + \theta)}{L_1 \sin 2\alpha} \tag{6.68}$$

由式(6.63)～式(6.68)，考虑支架支护效率 μ，可得浅埋极近距离煤层工作面合理的支护阻力为

$$P_m = \frac{b}{\mu}(bl_k \sum h\rho_1 g + qL_1) \tag{6.69}$$

6.2.3 浅埋单一关键层近距离煤层顶板结构分析

1. 顶板结构模型

浅埋单一关键层近距离煤层，可借鉴典型浅埋煤层顶板结构进行分析。间隔岩

层单关键层破断形成台阶岩梁结构，上煤层垮落顶板简化为均布载荷，建立工作面顶板结构如图 6.11 所示。其中，m_2 为下煤层采高，m；$\sum h$ 为直接顶的厚度，m；h 为层间关键层厚度，m；h_1 为载荷层厚度，m；L_1 为台阶岩梁关键块长度，m；R_1 为台阶岩梁岩块 M 的下滑力，kN；R_2 为台阶岩梁岩块 M 的载荷层重量，kN；q 为上煤垮落顶板的均布载荷，kN/m；θ_1 为台阶岩梁岩块 M 的回转角，(°)；ω_1 为台阶岩梁岩块 M 的回转下沉量，m。

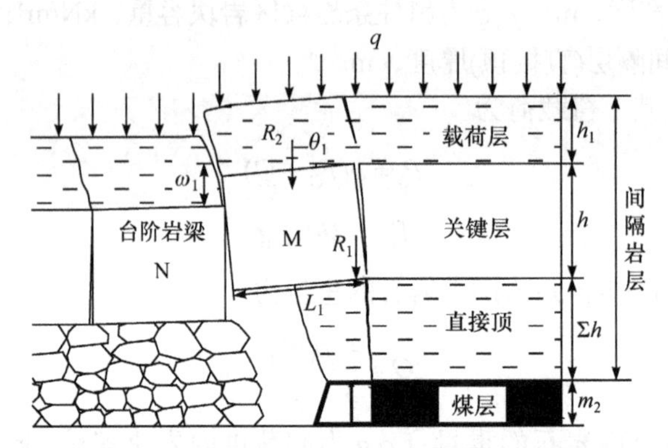

图 6.11 Ⅱ类浅埋单一关键层近距离煤层群顶板结构

2. 支护阻力确定

如图 6.11 所示，支架载荷主要由直接顶重量及台阶岩梁载荷构成。支架支护阻力为

$$P = W + R_1 \tag{6.70}$$

$$W = bl_{\mathrm{k}} \sum h\rho_1 g \tag{6.71}$$

根据浅埋近距离煤层群台阶岩梁结构理论，有

$$R_1 = \left(\frac{i - \sin\theta_{1\max} + \sin\theta_1 - 0.5}{i - 2\sin\theta_{1\max} + \sin\theta_1} \right) P_0 \tag{6.72}$$

式中，W 为直接顶重量，kN；$\rho_1 g$ 为直接顶容重，kN/m³；P_0 为台阶岩梁岩块 M 与载荷层重量及上覆载荷，kN；i 为台阶岩梁岩块块度；$\theta_{1\max}$ 为台阶岩梁岩块 M 最大回转角，(°)。

式(6.72)中，P_0 由台阶岩梁岩块 M 载荷层重量 R_2、上煤层垮落顶板载荷 R_3 两部分组成，均布载荷 q 的确定方法可参考式(6.68)。

$$P_0 = R_2 + R_3 \tag{6.73}$$

$$R_2 = (h\rho g + h_1\rho_1 g)bL_1 \tag{6.74}$$

$$R_3 = L_1 q \tag{6.75}$$

式中，ρg 为台阶岩梁岩块的容重，kN/m³；$\rho_1 g$ 为上覆载荷层和垮落顶板容重，kN/m³。

考虑支护效率 μ，由式(6.70)～式(6.75)得到工作面合理的支护阻力为

$$P_{\mathrm{m}} = \frac{1}{\mu}\left[b l_{\mathrm{k}} \sum h \rho_1 g + L_1 \left(\frac{i - \sin\theta_{1\max} + \sin\theta_1 - 0.5}{i - 2\sin\theta_{1\max} + \sin\theta_1} \right) \cdot \left(h\rho g b + h_1 \rho_1 g b + q \right) \right] \tag{6.76}$$

6.2.4 浅埋双关键层近距离煤层顶板结构分析

1. 顶板结构模型

浅埋双关键层近距离煤层下煤层开采过程中，间隔岩层下位关键层单独破断形成斜台阶岩梁结构，导致工作面小周期来压。随工作面推进，间隔层双关键层同步破断时，上位关键层形成砌体梁结构，上下结构同步来压出现大周期来压。工作面的支护阻力应以控制大周期来压为准，建立大周期来压工作面顶板结构，如图 6.12 所示。

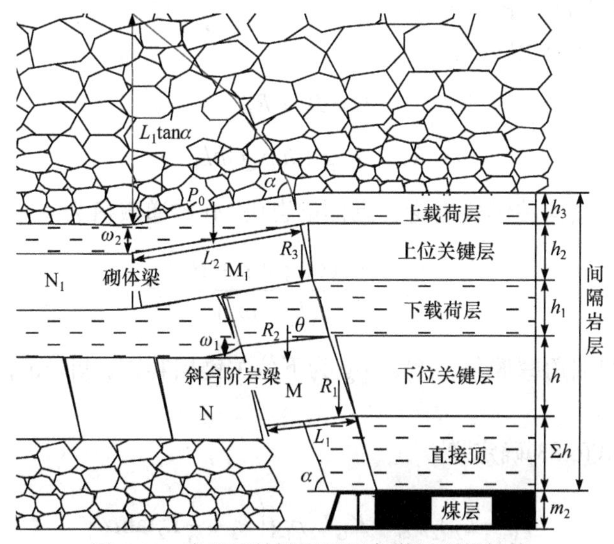

图 6.12　浅埋双关键层近距离煤层顶板结构

P_0 为砌体梁岩块 M_1 自重及上覆载荷，kN；ω_2 为岩块 M_1 的回转下沉量，m；L_2 为砌体梁关键块长度，m；R_3 为砌体梁前铰点下滑力，kN；ω_1 为斜台阶岩梁岩块 M 的回转下沉量，m；R_2 为斜台阶岩梁岩块 M 载荷及自重，kN；θ 为岩块 M 的回转角，(°)；R_1 为岩块 M 的下滑力，kN；L_1 为斜台阶岩梁岩块长度，m；α 为岩层破断角，(°)；h_2 为上位关键层厚度，m；h_1 为下载荷层厚度，m；h_3 为上载荷层厚度，m；h 为下位关键层厚度，m；$\sum h$ 为直接顶厚度，m；m_2 为下煤层采高，m

2. 支护阻力确定

如图 6.12 所示，支架载荷主要由直接顶重量及下位关键层斜台阶岩梁结构施加载荷构成。上位关键层的影响，通过向下位关键层结构传递载荷体现。

支架的支护阻力为

$$P = W + R_1 \tag{6.77}$$

$$W = bl_k \sum h\rho_1 g \tag{6.78}$$

根据斜台阶岩梁结构，有

$$R_1 = \left[1 - \frac{\dfrac{h}{\sin\alpha}\cos(\alpha-\theta) + \dfrac{L_1}{2}\cos\theta}{\dfrac{h}{\sin\alpha}\sin(\alpha-\theta) - \omega_1 - 0.5a}\tan\varphi\right]P_1 \tag{6.79}$$

式中，W 为直接顶的重量，kN；$\rho_1 g$ 为直接顶容重，kN/m^3；a 为接触面高度，m；$\tan\varphi$ 为摩擦系数；P_1 为斜台阶岩梁岩块 M 的载荷，kN；b 为支架宽度，m。

P_1 由两部分载荷组成，分别是斜台阶岩梁岩块 M 与下载荷层的重量 R_2、砌体梁岩块 M_1 传递载荷 R_3。

R_2 与 R_3 由式(6.80)确定：

$$P_1 = R_2 + R_3 \tag{6.80}$$

$$R_2 = (h\rho g + h_1\rho_1 g)bL_1 \tag{6.81}$$

根据砌体梁结构关键块理论，砌体梁岩块 M_1 传递载荷为

$$R_3 = \left[2 + \frac{L_2\cot(\varphi+\alpha-\theta)}{2(h_2-\omega_2)}\right]P_0 \tag{6.82}$$

式中，φ 为岩块端角摩擦角，(°)；ρg 为下位关键层容重，kN/m^3；$\rho_1 g$ 为载荷层的容重，kN/m^3。

P_0 可根据式(6.83)确定[96]：

$$P_0 = L_2 h_2 \rho g + K_G L_2 \rho_1 g\left(h_3 + \frac{1}{2}L_2\tan\alpha\right) \tag{6.83}$$

式中，φ 为岩块端角摩擦角，(°)；ρg 为上位关键层的容重，kN/m^3；K_G 为载荷传递因子；$\rho_1 g$ 为上载荷层及垮落顶板的容重，kN/m^3。

关键块 M 与 M_1 的回转下沉量为 $\omega_1 \approx \omega_2 = m_2 - (K_p - 1)\sum h$，取 $K_p = 1.3$，回转角 θ 与挤压面高度忽略不计。考虑支护效率 μ，由式(6.77)～式(6.83)得到工作面大周期来压的支护阻力为

$$P_{\mathrm{m}}=\frac{b}{\mu}\left\{l_{\mathrm{k}}\sum h\rho_1 g+\left(1-\frac{0.5h\cot\alpha+0.25L_1}{h-m_2+0.3\sum h}\right)\cdot\left[\left(h\rho g+h_1\rho_1 g\right)L_1+2P_0+\frac{L_2\cot(\varphi+\alpha)}{2\left(h_2-m_2+0.3\sum h\right)}P_0\right]\right\} \tag{6.84}$$

6.2.5　浅埋双煤层开采下部煤层工作面支架工作阻力计算

以柠条塔煤矿 2^{-2} 煤层地质及开采条件为例，计算工作面支架工作阻力。2^{-2} 煤层平均采高为 5.5m，与上部 1^{-2} 煤层之间的间隔岩层厚度平均为 33.3m，间采比为 6.6，属层间具有双关键层的浅埋近距离煤层群。各计算参数如下：$\mu=0.9$，$b=1.75\text{m}$，$l_{\mathrm{k}}=5.0\text{m}$，$\sum h=5\text{m}$，$\rho_1 g=23\text{kN/m}^3$，$h=14\text{m}$，$\alpha=52°$，$L_1=12\text{m}$，$m_2=5.0\text{m}$，$h_1=1\text{m}$，$\rho g=25\text{kN/m}^3$，$L_2=25\text{m}$，$\varphi=27°$，$h_2=12\text{m}$，$K_G=0.4$，$h_3=1\text{m}$。

根据式(6.84)可得

$$P_{\mathrm{m}}=10270\text{kN}$$

根据 2^{-2} 煤层工作面开采实践，工作面支架最大工作阻力达 10375kN，超过了支架的额定工作阻力(10000kN)。工作面选用的支架额定工作阻力偏小。理论计算结果与实测吻合，验证了可靠性。

6.3　本 章 小 结

(1) 浅埋单一煤层初次来压与周期来压期间的支护阻力处于“给定失稳载荷”状态。关键层结构上的厚载荷层存在载荷传递效应。初次来压期间，老顶破断形成非对称三铰拱结构，该结构滑落失稳导致初次来压。典型浅埋近距离煤层群老顶周期来压期间，主要形成台阶岩梁结构，结构滑落失稳是工作面周期来压强烈和顶板台阶下沉的根本原因。

(2) 间采比是影响浅埋近距离煤层群矿压特征的关键指标，根据间采比和关键层结构特征，浅埋近距离煤层群可大致分为三类：Ⅰ类为浅埋极近距离煤层，Ⅱ类为浅埋单一关键层近距离煤层，Ⅲ类为浅埋双关键层近距离煤层。

(3) 通过建立三类浅埋近距离煤层群顶板结构模型，给出了控制顶板所需的支护阻力计算公式。理论计算得出柠条塔煤矿 1^{-2} 煤层工作面合理的支架额定工作阻力为 9099kN；2^{-2} 煤层工作面合理的支架额定工作阻力为 10270kN。

第 7 章　浅埋近距离煤层群科学开采

煤炭在我国能源结构中具有“压舱石”和“稳定器”的作用，长期以来为我国工业可持续发展奠定了坚实的基础，为国民经济的高速提升铺平了道路。煤炭作为我国主体能源，在保障国家能源安全稳定的同时，还应兼顾安全、绿色、高效，生产过程中的安全必须得到保障。煤炭开采应与环境保护相协调，实现高效开采和高采出率，同时采用合理的技术降低成本等。为此，钱鸣高院士等[97]提出了煤炭的科学开采理念。本章遵循科学开采理念，结合柠条塔煤矿实际条件，探索浅埋近距离煤层群科学开采方法。

7.1　科学采矿与完全成本

7.1.1　基本理念

1. *科学采矿*

钱鸣高院士提出，科学采矿是指既能最大程度高效地采出煤炭资源，又能保证安全和保护生态环境的开采技术。煤炭科学采矿主要体现在以下几个方面。

1) 高效开采

大力推进匹配于不同开采地质条件的煤矿机械化、数字化、智能化发展进程，提高煤矿生产效率，减少井下作业人数。

2) 绿色开采与环境保护

煤炭开采后，覆岩运动造成岩体内应力场和裂隙场改变，直接影响开采的安全性。此外，开采地层运动造成地下水流失、地面沉陷和瓦斯涌出，造成生态环境破坏。人类在进行采矿活动时，应使环境资源得到最优配置，与自然之间建立和谐的生态平衡机制，保护生态环境，实现可持续发展。

3) 安全开采

安全是个系统工程。煤炭开采行业要脱离高危行业，就必须改善井下工作环境，并加强对复杂的不安全因素的研究。通过掌握矿压规律，采用合理的开采技术及岩层控制手段，实现矿井的安全生产，切实保证作业人员和设备安全。

4) 高回收开采以提高资源采出率

通过掌握矿压显现规律，合理调整工作面及煤柱的布置方式，优化开采技术，减少煤柱损失，尽可能多地采出煤炭资源。

5) 经济开采以降低成本

在市场经济条件下，采用先进的科学技术以降低成本始终是科学采矿的主题。安全开采技术、减沉和减损技术、高回收率开采都能不同程度地降低煤矿的生产成本，提高煤矿的总体效益。

2. 完全成本

为实现科学采矿付出的经济代价称为采矿的完全成本。实现科学采矿需要解决煤炭开采中劳动保护、安全、环境和保护资源等问题。科学采矿的各项技术，绝大部分会增加生产成本，主要包括资源、环境、生态成本，转产成本及原有的生产成本。完全成本随着环境、安全等标准的提高和采后环境治理的难度变化而变化。

计算完全成本的难点：

(1) 开采形成的资源、安全和环境损失，以及矿区资源枯竭后的转产成本，有相当一部分难以评估；

(2) 完全成本存在很大的弹性和相对性；

(3) 随着经济的发展，资源的稀缺性要求高回收率，以人为本的安全生产要求更低的百万吨死亡率，特别是人们对环境保护日益重视，完全成本将越来越高。

完全成本是科学采矿的经济基础，考虑完全成本意味着科学采矿将得到落实。当前，完全成本中的环境成本是最容易被忽视的，也是完全成本存在很大弹性的根源。

7.1.2　柠条塔煤矿的科学开采

基于柠条塔煤矿北翼东区开采条件，其科学采矿主要体现在以下方面。

(1) 安全开采。研究煤层群同采工作面的合理错距及煤柱的合理布置方案，能够减缓开采过程中的矿压显现，减小煤柱上的集中应力，使工作面巷道围岩处于最佳应力状态，促进巷道围岩稳定，保障工作面开采安全和效率。

(2) 高效高回收率开采。在保证正常回采率的基础上，通过科学调整工作面的布置方式，实现少留或不留三角煤，最大化地采出煤炭资源。

(3) 绿色环保开采。根据 1^{-2} 煤层、2^{-2} 煤层和 3^{-1} 煤层开采后的覆岩垮落规律，合理布置煤柱位置，减小开采造成的地表沉陷和损害，实现绿色减损开采。

(4) 经济开采。1^{-2}煤层、2^{-2}煤层和3^{-1}煤层的经济开采主要从以下几点实现：①确定上下煤层煤柱的合理错距，减小煤柱集中应力，降低巷道维护费用；②确定合理工作面长度等参数，少留三角煤，提高回采率和经济效益；③确定合理的煤柱倾向错距，充分利用采后煤柱群结构效应，实现地层的均匀沉降，减小开采地表损害，降低地表修复费用，实现绿色减损开采，降低采矿完全成本；④采用薄厚煤层的科学配采，实现均衡生产，保障矿井总体效益。

7.2 基于浅埋近距离煤层群产能均衡的科学配采方式

煤层群薄厚煤层科学配采是以实现产能均衡为核心的科学搭配关系，其关键在于以下几个方面：

(1) 实现产能的均衡，使配采后的薄厚煤层工作面总生产能力达到煤矿设计产能；

(2) 薄厚煤层配合同采时，下煤层工作面推进速度不能过快，必须与上煤层推进速度一致，薄厚煤层配采还要考虑推进速度问题；

(3) 近距离薄厚煤层同时开采时，下煤层工作面必须滞后上煤层工作面一定距离，避免相互开采的影响；

(4) 在薄厚煤层群同时开采，要避开相互开采的影响，合理的错距(滞后距离)有助于减小覆岩裂缝和地表损害，降低地表环境治理的成本，实现减损开采。

根据前述研究，可以利用工作面接续错距布置，解决应力集中和地表破坏问题。因此，只要实现适当推进速度下的产能均衡，就可以实现薄厚煤层科学配采。

7.2.1 浅埋近距离煤层群上下煤层配采产能关系

根据矿井现有设备的生产能力，工作面长度确定为245m，循环进尺0.865m，日循环数定为12刀。必须设计合理的推进速度，即上部煤层工作面的推进速度要大于等于下部煤层工作面的推进速度。

根据矿井设计能力，配采后的生产能力要达到12.0Mt/a，最多只能三个综采工作面同采。南翼盘区厚煤层单工作面设计生产能力为6.93Mt/a，则北翼东区两个工作面生产能力需要达到5.07Mt/a。

1. 1^{-2}薄煤层和2^{-2}厚煤层的配采分析

(1) 当北翼东区只开采1^{-2}薄煤层时，设计两个工作面生产能力只有3.34Mt/a。

(2) 在技术上只能采用下行式开采，所以在北翼东区不能先采下部的2^{-2}厚煤层，只能进行 1^{-2} 薄煤层和 2^{-2} 厚煤层配采，才能实现设计产能。

(3) 当 1^{-2} 薄煤层和 2^{-2} 厚煤层同时开采时，1^{-2} 薄煤层工作面生产能力为 1.67Mt/a，2^{-2} 厚煤层工作面生产能力为 4.57Mt/a，合计产能大于 5.07Mt/a，如表 7.1 所示。

表 7.1　1^{-2} 薄煤层和 2^{-2} 厚煤层配采

盘区	工作面	采高/m	工作面长度/m	工作面回采率	循环进尺/m	日循环数/刀	年推进长度/m	日产量/t	年产量/Mt
北翼东区	1^{-2} 煤层	1.64	245	0.95	0.865	12	3425	5150	1.67
	2^{-2} 煤层	4.51	245	0.93	0.865	12	3425	13866	4.57
	掘进煤	—	—	—	—	—	—	—	0.24
	小计	—	—	—	—	—	—	—	6.48
南翼	2^{-2} 煤层	5.50	295	0.93	0.865	12	3425	20361	6.71
	掘进煤	—	—	—	—	—	—	—	0.22
	小计	—	—	—	—	—	—	—	6.93
合计		—	—	—	—	—	—	—	13.41

通过北翼东区薄厚煤层的合理开采搭配，可以实现均衡达产，并满足经济和技术上的科学性。

2. 与 3^{-1} 煤层的配采

根据煤层下行式开采顺序，确定先采 1^{-2} 煤层和 2^{-2} 煤层，再开采 3^{-1} 煤层。此时可能会出现两种情况：第一种情况是南翼盘区 2^{-2} 煤层未开采完，北翼盘区同步进行 3^{-1} 煤层开采；第二种情况是南翼盘区 2^{-2} 煤层已开采完，南北翼盘区开采 3^{-1} 煤层。

两种情况下全矿井生产能力核算分别如表 7.2 和表 7.3 所示。当北翼东区开采 3^{-1} 煤层，南翼盘区开采 2^{-2} 煤层时，北翼需要同时开采两个工作面才能达到 12.0Mt/a 生产能力。日循环数 12 刀，单工作面生产能力 2.95Mt/a，如表 7.2 所示。

表 7.2　北翼 3^{-1} 煤层与南翼 2^{-2} 煤层生产能力

盘区	工作面	采高/m	工作面长度/m	工作面回采率	循环进尺/m	日循环数/刀	年推进长度/m	日产量/t	年产量/Mt
北翼东区	3^{-1} 煤层	2.85	245	0.95	0.865	12	3425	8951	2.95
	3^{-1} 煤层	2.85	245	0.95	0.865	12	3425	8951	2.95
	掘进煤	—	—	—	—	—	—	—	0.24

续表

盘区	工作面	采高/m	工作面长度/m	工作面回采率	循环进尺/m	日循环数/刀	年推进长度/m	日产量/t	年产量/Mt
北翼东区	小计	—	—	—	—	—	—	—	6.14
南翼	2^{-2}煤层	5.50	295	0.93	0.865	12	3425	20361	6.71
	掘进煤	—	—	—	—	—	—	—	0.22
	小计	—	—	—	—	—	—	—	6.93
合计		—	—	—	—	—	—	—	13.07

表 7.3　北翼 3^{-1} 煤层与南翼 3^{-1} 煤层生产能力

盘区	工作面	采高/m	工作面长度/m	工作面回采率	循环进尺/m	日循环数/刀	年推进长度/m	日产量/t	年产量/Mt
北翼东区	3^{-1}煤层	2.85	245	0.95	0.865	13	3710	9696	3.20
	3^{-1}煤层	2.85	245	0.95	0.865	13	3710	9696	3.20
	掘进煤	—	—	—	—	—	—	—	0.24
	小计	—	—	—	—	—	—	—	6.64
南翼	3^{-1}煤层	2.85	245	0.95	0.865	13	3710	8951	3.20
	3^{-1}煤层	2.85	245	0.95	0.865	13	3710	8951	3.20
	掘进煤	—	—	—	—	—	—	—	0.22
	小计	—	—	—	—	—	—	—	6.62
合计		—	—	—	—	—	—	—	13.26

当北翼东区和南翼盘区都开采 3^{-1} 煤层时，北翼和南翼需要各开采 2 个工作面，即全矿井需要同时开采 4 个工作面，且日循环数增加到 13 刀，年推进 3710m，单工作面生产能力为 3.20Mt/a，才能达到 12.0Mt/a 总生产能力。

7.2.2　北翼东区工作面接续计划和开采顺序

北翼东区从 1^{-2} 煤层 N1122 工作面和 2^{-2} 煤层 N1212 工作面开始采用平行等宽下行式开采，1^{-2} 煤层和 2^{-2} 煤层工作面倾向错距 40m，如图 7.1 所示。

根据北翼东区工作面采掘工程平面图，确定上下煤层工作面走向错距和倾向错距，规划工作面接续计划和开采顺序。测量出每个工作面的推进长度，得到北翼东区工作面接续计划表，如表 7.4 所示，包括 8 年的工作面接续时间规划。

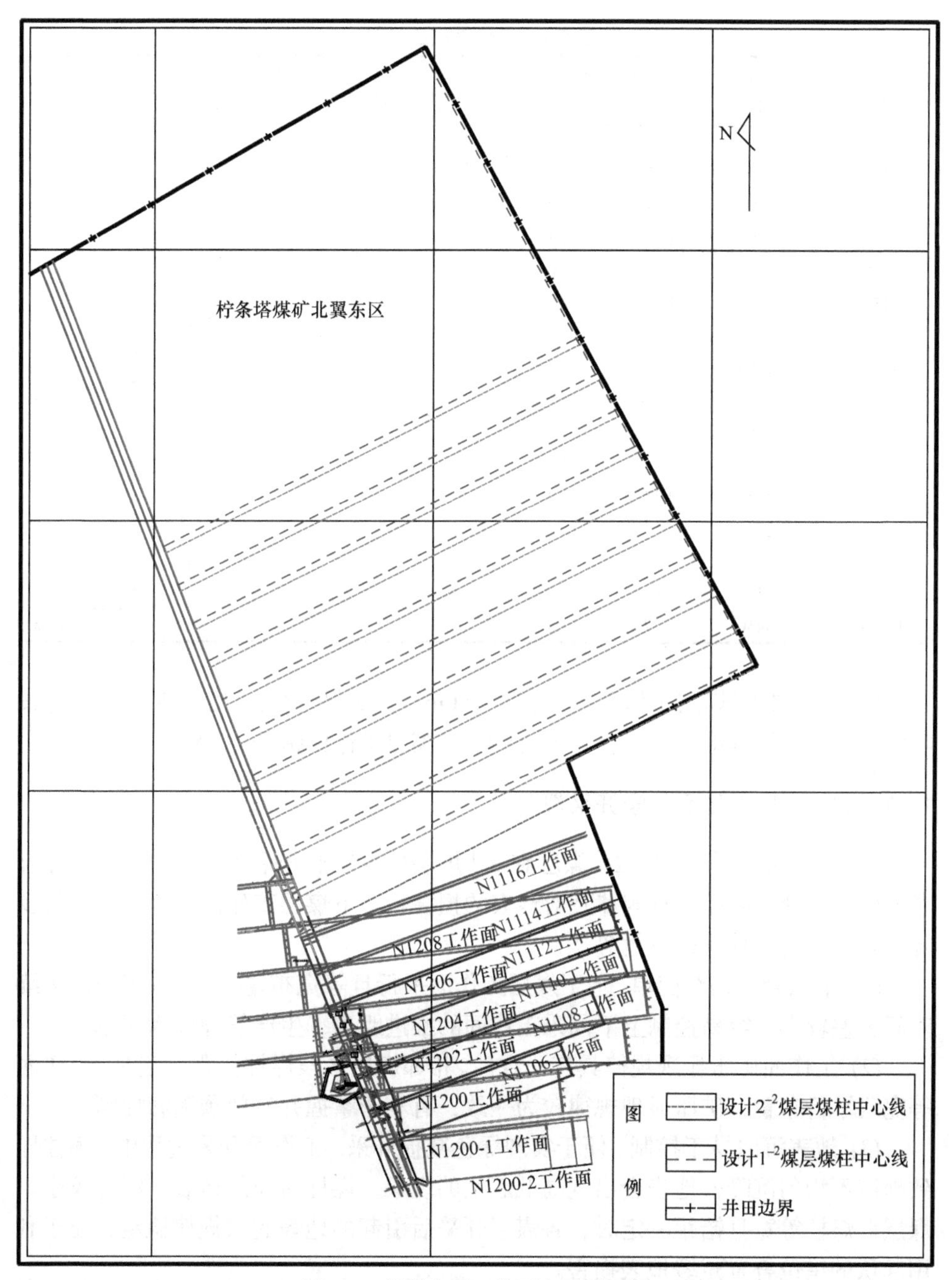

图 7.1　北翼东区工作面布置平面图

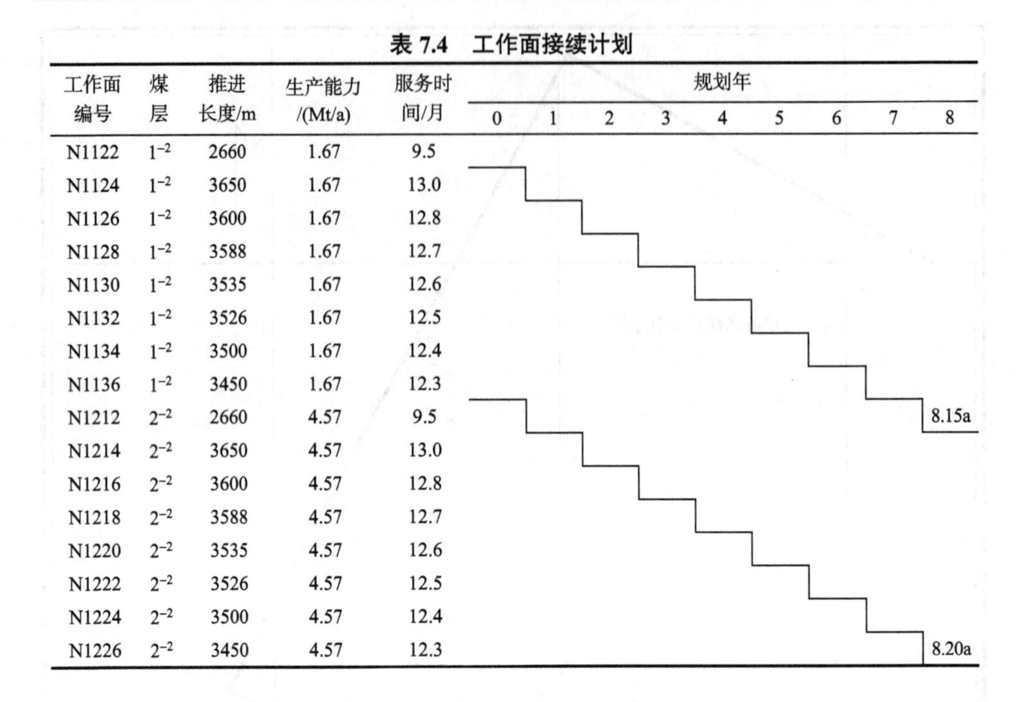

表 7.4　工作面接续计划

工作面编号	煤层	推进长度/m	生产能力/(Mt/a)	服务时间/月	规划年（0 1 2 3 4 5 6 7 8）
N1122	1^{-2}	2660	1.67	9.5	
N1124	1^{-2}	3650	1.67	13.0	
N1126	1^{-2}	3600	1.67	12.8	
N1128	1^{-2}	3588	1.67	12.7	
N1130	1^{-2}	3535	1.67	12.6	
N1132	1^{-2}	3526	1.67	12.5	
N1134	1^{-2}	3500	1.67	12.4	
N1136	1^{-2}	3450	1.67	12.3	
N1212	2^{-2}	2660	4.57	9.5	8.15a
N1214	2^{-2}	3650	4.57	13.0	
N1216	2^{-2}	3600	4.57	12.8	
N1218	2^{-2}	3588	4.57	12.7	
N1220	2^{-2}	3535	4.57	12.6	
N1222	2^{-2}	3526	4.57	12.5	
N1224	2^{-2}	3500	4.57	12.4	
N1226	2^{-2}	3450	4.57	12.3	8.20a

1^{-2}煤层和2^{-2}煤层工作面走向错距150m，当日循环数为12刀时，年推进长度为3425m。根据推进速度，1^{-2}煤层和2^{-2}煤层工作面错开16天以上。

7.2.3　北翼东区工作面科学开采规划

柠条塔煤矿1^{-2}煤层、2^{-2}煤层和3^{-1}煤层的煤层群开采布置规划，应当综合考虑生产管理、矿压显现规律及对地表的损害。上下煤层工作面应当采用平行及等宽布置方式，具有以下优势。

(1) 组织管理相对简单。上下煤层工作面平行且等宽布置时，同采工作面接续时间偏差较小，容易控制上下同采工作面的推进距离，生产管理较为简单。

(2) 工作面矿压显现规律具有一致性。相邻煤层区段煤柱错距一定时，工作面等宽且平行布置，矿压显现规律较为一致，有利于掌握并有效预测和控制。

(3) 地表沉陷易于控制，便于实现绿色减损开采。工作面开采过程中，煤柱导致地层不均匀沉降，地表会出现高低起伏的现象，煤柱对应的地表下沉量较小。煤层群煤柱等宽且错距一定时，各煤层开采后引起的地表起伏规律稳定，便于利用起伏的错位叠置减缓地表损害。

(4) 根据盘区形态，工作面走向方向宜与北翼盘区的西北边界平行(图 7.1)。如此，盘区内遗留三角煤最少，能够最大程度地将井田内的煤炭开采出来，提高资源的回收效率。

7.3　矿井安全绿色高效开采

1. 井下减压促进工作面安全生产

工作面煤柱布置如图 7.2 所示。将下煤层工作面的巷道布置在上煤层区段煤柱的影响区之外，可以有效地避免煤柱叠加应力对巷道的影响，使巷道易于支护；同时，能避免相邻煤层煤柱上集中应力叠加，对实现工作面的安全开采具有重要的意义。

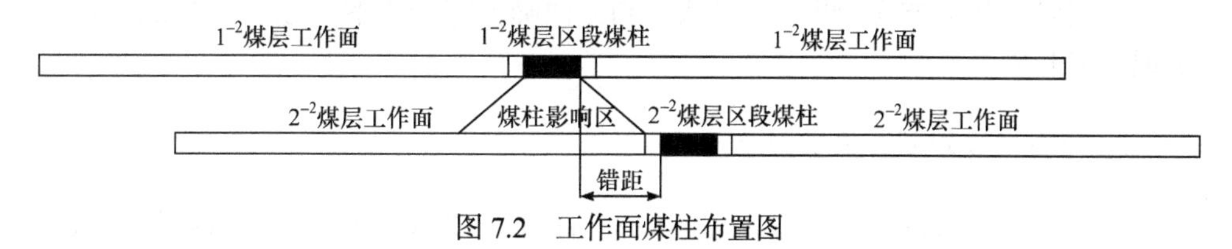

图 7.2　工作面煤柱布置图

2. 地表减损促进绿色开采

开采实践表明，采矿活动引起的地表沉陷和地表裂缝形成的地表损害，不利于地表生态环境保护。研究表明，通过对上下煤层工作面进行合理的错距布置，可最大程度提高地表的均匀沉降程度，减小地表裂缝，实现减损开采。

根据物理相似材料模拟实验，柠条塔煤矿在开采 1^{-2} 煤层和 2^{-2} 煤层之后，区段煤柱对应的地表凸起(不均匀沉降)较为明显。在 3^{-1} 煤层开采时，通过合理的错距布置，使 3^{-1} 煤层工作面煤柱位于上部工作面采空区最大下沉盆地内，上煤层煤柱位于 3^{-1} 煤层工作面顶板最大下沉盆地内，上煤层煤柱导致的地表凸起处有所下沉，地表总体趋于平坦，原有的地表平行裂缝基本闭合。可见，利用煤柱群的调控机制进行工作面的科学布置，不仅可以降低煤柱的集中应力，还可以减小地表损害，实现绿色安全的科学开采。

3. 安全绿色保障最低完全成本和最大经济效益

柠条塔煤矿通过合理的工作面减损减压布置，实现了经济开采(图 7.3)。

(1) 通过科学规划，将下煤层的工作面巷道布置在应力较低的区域，使得巷道支护的成本大大减少。

(2) 采用上下煤层工作面平行及等宽布置，使工作面走向平行于北翼盘区边界，提高了煤炭的回收率，可以获得更高的经济效益。

(3) 通过研究煤层群开采的覆岩垮落规律，科学布置工作面，充分利用煤柱群结构的作用，实现地表减损，节省了后期地表修复费，降低了保护生态环境的完全成本。

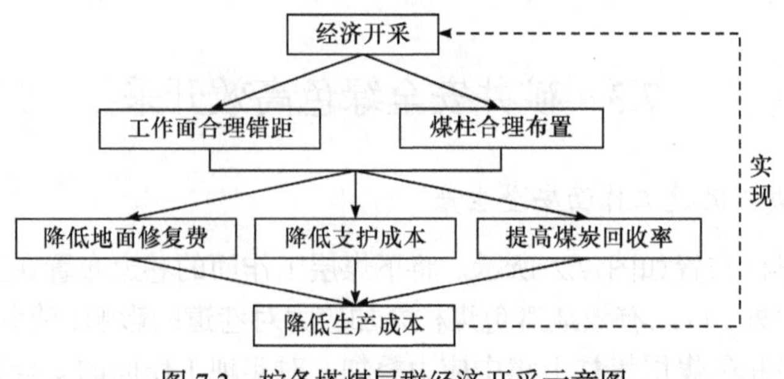

图 7.3　柠条塔煤层群经济开采示意图

根据以上几个方面，煤矿可以从不同方面降低完全成本，提升矿井的总效益，实现经济开采。

4. 柠条塔煤矿科学开采技术方案

基于科学开采理念，通过物理相似材料模拟、数值计算、理论分析等方法，得出柠条塔煤矿煤层群科学开采方案的主要内容。

(1) 柠条塔煤矿北翼开采 1^{-2} 煤层、2^{-2} 煤层和 3^{-1} 煤层，3 层煤分别相距 35m 和 30m，煤层埋深平均为 120m，属于浅埋近距离煤层群。1^{-2} 煤层平均厚度为 1.65m，2^{-2} 煤层平均厚度为 5.54m，3^{-1} 煤层平均厚度为 2.63m，属于薄、厚、中煤层相间的煤层群。柠条塔煤矿采用 1^{-2} 煤层和 2^{-2} 煤层工作面交错布置下行式开采方式，存在矿压规律复杂、顶板管理困难、地表破坏严重的问题。为此，提出了“薄厚煤层配采、煤柱错距布置、均匀受压和均匀沉降兼顾”的科学开采原则，确定了“下行式开采，工作面平行、等宽、错距布置，1^{-2} 和 2^{-2} 薄厚煤层配采”的科学开采方式。

(2) 通过上下薄厚煤层科学配采，实现均衡生产。建立了上下煤层同采工作面走向错距的稳压式计算模型，得出同采工作面走向错距须大于 134m。

(3) 建立了煤层群开采的“煤柱群”结构模型，给出了避免煤柱应力叠加的最佳煤柱错距计算公式，2^{-2} 煤层与 1^{-2} 煤层的煤柱合理错距为 30～70m，最佳错距为 40m；3^{-1} 与 2^{-2} 煤层煤柱的合理错距为 29.8～85.3m，最佳错距为 80m；确定了合理的工作面宽度为 152.2～342.4m。

(4) 安全绿色的科学开采方案。柠条塔煤矿北翼东区 1^{-2} 煤层、2^{-2} 煤层和 3^{-1} 煤层的合理开采方式为综采一次采全高全部垮落采煤法；开采顺序为下行式开采，1^{-2} 煤层和 2^{-2} 煤层实行配采，工作面合理宽度为 190～332m；工作面布置方式为等宽平行布置，宽度 245m；2^{-2} 煤层与 1^{-2} 煤层工作面倾向区段煤柱的最佳错距为 40m，3^{-1} 煤层与 2^{-2} 煤层工作面倾向区段煤柱的最佳错距为 80m；确定上下工作面安全走向错距至少为 150m。

(5) 均衡产能分析。当 1^{-2} 煤层和 2^{-2} 煤层同时开采时，1^{-2} 煤层工作面生产能力为 1.67Mt/a，2^{-2} 煤层工作面生产能力为 4.57Mt/a，合计生产能力为 6.24Mt/a，满足矿井产能需求；后期 3^{-1} 煤层开采 2 个工作面，合计生产能力为 6.4Mt/a，可以达到全矿井 12.0Mt/a 的生产能力。

7.4 本章小结

(1) 根据煤炭安全绿色高效的科学开采理念，按照完全成本分析，安全、绿色、高效相互影响，共同决定着开采经济效益。掌握和利用矿压显现规律和岩层控制理论，寻找出可兼顾安全、绿色、高效的开采方式，是实现科学和经济开采的有效途径。

(2) 为有效解决柠条塔煤矿北翼浅埋近距离煤层群开采存在矿压规律复杂、顶板管理困难、地表破坏严重等问题，提出了“薄厚煤层配采、煤柱错距布置、均匀受压和均匀沉降兼顾”的科学开采原则，确定了浅埋近距离煤层群“下行式开采，工作面平行、等宽、错距布置，薄厚煤层合理配采”的科学开采方式。

(3) 按照煤炭开采完全成本理念，提出了柠条塔煤矿煤层群科学开采方案。根据覆岩破坏规律，实施薄厚煤层科学配采，实现均衡产能；下行、等宽、平行、错距布置工作面，实现地下减压和地表减损并举的科学开采；合理规划，确定工作面宽度和开采接续方案，可实现经济、安全、环保的科学开采。

参考文献

[1] 张旭梅, 吴浩英, 李玮娜. 陕西省煤炭资源储量概况分析[J]. 内蒙古煤炭经济, 2015, (6): 200-210.

[2] П. М. 秦巴列维奇. 矿井支护[M]. 北京矿业学院编译室, 译. 北京: 煤炭工业出版社, 1957.

[3] BODRAC B B. Rock pressure features of Moscow Suburb coal-field[J]. Coal, 1998, (2): 38-49.

[4] HOLLA L, BUIZEN M. The ground movement, strata fracturing and changes in permeability due to deep longwall mining[J]. International Journal of Rock Mechanics, 1991, 28(2-3): 207-217.

[5] 黄庆享. 浅埋煤层长壁开采顶板结构及岩层控制研究[M]. 徐州: 中国矿业大学出版社, 2000.

[6] 侯忠杰, 黄庆享. 松散层下浅埋薄基岩煤层开采的模拟[J]. 陕西煤炭技术, 1994, (2): 38-41, 65.

[7] 石平五, 侯忠杰. 神府浅埋煤层顶板破断运动规律[J]. 西安矿业学院学报, 1996, 16(3): 204-207.

[8] 侯忠杰. 浅埋煤层关键层研究[J]. 煤炭学报, 1999, 24(4): 359-363.

[9] 侯忠杰. 地表厚松散层浅埋煤层组合关键层的稳定性分析[J]. 煤炭学报, 2000, 25(2): 127-132.

[10] 黄庆享. 浅埋煤层的矿压特征与浅埋煤层定义[J]. 岩石力学与工程学报, 2002, 21(8): 1174-1177.

[11] 黄庆享. 采场老顶初次来压的结构分析[J]. 岩石力学与工程学报, 1998, 17(5): 521-526.

[12] HUANG Q X. Analysis of main roof breaking form and its mechanism during first weighting in longwall face[J]. Journal of Coal Science & Engineering (China), 2001, 17(11): 9-12.

[13] 黄庆享, 钱鸣高, 石平五. 浅埋煤层采场老顶周期来压的结构分析[J]. 煤炭学报, 1999, 24(6): 581-585.

[14] 黄庆享, 石平五, 钱鸣高. 采场老顶岩块端角摩擦与端角挤压系数分析确定[J]. 岩土力学, 2000, 21(1): 60-63.

[15] 黄庆享, 张沛. 厚砂土层下顶板关键块上的动态载荷传递规律[J]. 岩石力学与工程学报, 2004, 23(24): 4179-4182.

[16] 黄庆享. 浅埋采场初次来压顶板砂土层载荷传递研究[J]. 岩土力学, 2005, 26(6): 881-883.

[17] 黄庆享. 浅埋煤层保水开采隔水层稳定性的模拟研究[J]. 岩石力学与工程学报, 2009, 28(5): 988-992.

[18] 黄庆享, 蔚保宁, 张文忠. 浅埋煤层黏土隔水层下行裂隙弥合研究[J]. 采矿与安全工程学报, 2010, 27(1): 35-39.

[19] 黄庆享. 浅埋煤层覆岩隔水性与保水开采分类[J]. 岩石力学与工程学报, 2010, 29(S2): 3622-3627.

[20] 黄庆享. 浅埋煤层保水开采岩层控制研究[J]. 煤炭学报, 2017, 42(1): 50-55.

[21] 黄庆享, 张文忠. 浅埋煤层条带充填保水开采岩层控制[M]. 北京: 科学出版社, 2014.

[22] 黄庆享, 张文忠. 浅埋煤层条带充填隔水岩组力学模型分析[J]. 煤炭学报, 2015, 40(5): 973-978.

[23] 黄庆享, 周金龙. 浅埋煤层大采高工作面矿压规律及顶板结构研究[J]. 煤炭学报, 2016, 41(S2): 279-286.

[24] 黄庆享, 刘建浩. 浅埋大采高工作面煤壁片帮的柱条模型分析[J]. 采矿与安全工程学报, 2015, 32(2): 187-191.

[25] 黄庆享, 马龙涛, 董博, 等. 大采高工作面等效直接顶与顶板结构研究[J]. 西安科技大学学报, 2015, 35(5): 541-546.

[26] MENG S P, PENG S P, YIN S X. Physical modeling of influence of rock mass structure on roof stability[J]. Journal of China University of Mining & Technology, 2000, (2): 67-71.

[27] 宋选民, 顾铁凤, 闫志海. 浅埋煤层大采高工作面长度增加对矿压显现的影响规律研究[J]. 岩石力学与工程学报, 2007, 26(S2): 4007-4012.

[28] 许家林, 朱卫兵, 王晓振, 等. 浅埋煤层覆岩关键层结构分类[J]. 煤炭学报, 2009, 34(7): 865-870.

[29] 姜海军, 曹胜根, 张云, 等. 浅埋煤层关键层初次破断特征及垮落机理研究[J]. 采矿与安全工程学报, 2016,

33(5): 860-866.

[30] 任艳芳. 浅埋深工作面基岩层全厚切落的时空演化过程[J]. 煤炭学报, 2020, 45(S2): 561-570.

[31] 任艳芳. 浅埋深工作面覆岩“悬臂梁-铰接岩梁”结构的提出与验证[J]. 煤炭学报, 2019, 44(S1): 1-8.

[32] 杨达明, 郭文兵, 于秋鸽, 等. 浅埋近水平煤层采场覆岩压力拱结构特性及演化机制分析[J]. 采矿与安全工程学报, 2019, 36(2): 323-330.

[33] 宋桂军, 张彬, 付兴玉, 等. 浅埋煤层“主控层-软弱层”组合结构的形成机理及应用[J]. 采矿与安全工程学报, 2021, 38(2): 286-294.

[34] 苗彦平, 程利兴, 郑旭鹤, 等. 浅埋深回采巷道采动应力动态响应特征研究[J]. 采矿与岩层控制工程学报, 2022, 4(6): 063015.

[35] 王方田, 邵栋梁, 牛腾冲, 等. 浅埋高强度开采回撤巷道煤柱受载特征及累积损伤机制[J]. 岩石力学与工程学报, 2022, 41(6): 1148-1159.

[36] 王双明, 魏江波, 宋世杰, 等. 黄土沟谷区浅埋煤层开采覆岩破坏与地表损伤特征研究[J]. 煤炭科学技术, 2022, 50(5): 1-9.

[37] 曹健, 黄庆享. 厚土层下浅埋煤层开采覆岩倾向结构分区与下沉预计模型[J]. 采矿与安全工程学报, 2022, 39(2): 264-272.

[38] SINGH R, SINGH T N, DHAR B B. Coal pillar loading in shallow mining conditions[J]. International Journal of Rock Mechanics and Mining Sciences and Geo Mechanics Abstracts, 1996, 33(8): 757-768.

[39] 葛尔巴切夫, 札柏尔金斯基. 库兹巴斯煤层群上行顺序开采法[M]. 马鸿仁, 李诞生, 译. 北京: 煤炭工业出版社, 1958.

[40] 张百胜. 极近距离煤层开采围岩控制理论及技术研究[D]. 太原: 太原理工大学, 2008.

[41] 史元伟, 郭藩强, 康立军, 等. 矿井多煤层开采围岩应力分析与设计优化[M]. 北京: 煤炭工业出版社, 1995.

[42] 张百胜, 杨双锁, 康立勋, 等. 极近距离煤层回采巷道合理位置确定方法的探讨[J]. 岩石力学与工程学报, 2008, 27(1): 97-101.

[43] 马立强, 汪理全, 张东升, 等. 近距离煤层群上行开采可行性研究与工程应用[J]. 湖南科技大学学报(自然科学版), 2007, 22(4): 1-5.

[44] 于辉. 近距离煤层开采覆岩结构运动及矿压显现规律研究[D]. 北京: 中国矿业大学, 2015.

[45] 任艳芳. 浅埋深近距离煤层矿压及覆岩运动规律研究[J]. 煤炭科学技术, 2015, 43(7): 11-14.

[46] 吴爱民, 左建平. 多次动压下近距离煤层群覆岩破坏规律研究[J]. 湖南科技大学学报(自然科学版), 2009, 24(4): 1-6.

[47] 胡炳南. 长壁重复开采岩层移动规律研究[J]. 煤炭科学技术, 1999, 27(11): 43-45.

[48] 陆士良, 孙永联, 姜耀东. 巷道与上部煤柱边缘间水平距离 X 的选择[J]. 中国矿业大学学报, 1933, 22(2): 1-7.

[49] 陆士良, 孙永联. 底板岩巷和邻近煤层巷道位置及跨采矿压显现规律[J]. 煤炭科学技术, 1994, 22(6): 27-30.

[50] 史元伟. 采场围岩应力分布特征的数值法研究[J]. 煤炭学报, 1993, 18(4): 13-23.

[51] 郭文兵, 刘明举, 李化敏, 等. 多煤层开采采场围岩内部应力光弹力学模型模拟研究[J]. 煤炭学报, 2001, 26(1): 8-12.

[52] 周楠, 张强, 安百富, 等. 近距离煤层采空区下工作面矿压显现规律研究[J]. 中国煤炭, 2011, 37(2): 48-51, 96.

[53] 于斌. 多煤层上覆破断顶板群结构演化及其对下煤层开采的影响[J]. 煤炭学报, 2015, 40(2): 261-266.

[54] 于斌, 刘长友, 杨敬轩, 等. 大同矿区双系煤层开采煤柱影响下的强矿压显现机理[J]. 煤炭学报, 2014, 39(1): 40-46.

[55] 刘长友, 杨敬轩, 于斌, 等. 多采空区下坚硬厚层破断顶板群结构的失稳规律[J]. 煤炭学报, 2014, 39(3): 395-403.

[56] 李杨, 任玉琦, 李铁峥, 等. 近距离煤层群协调开采支架工作阻力计算方法与系统[J]. 煤炭科学技术, 2023,

51(7): 268-277.

[57] 杜锋, 袁瑞甫, 郑金雷, 等. 浅埋近距离煤层煤柱下开采异常矿压机理[J]. 煤炭学报, 2017, 42(S1): 24-29.

[58] 屠世浩, 窦凤金, 万志军, 等. 浅埋房柱式采空区下近距离煤层综采顶板控制技术[J]. 煤炭学报, 2011, 36(3): 366-370.

[59] 鞠金峰. 浅埋近距离煤层出煤柱开采压架机理及防治研究[D]. 徐州: 中国矿业大学, 2013.

[60] 鞠金峰, 许家林. 浅埋近距离煤层出煤柱开采压架防治对策[J]. 采矿与安全工程学报, 2013, 30(3): 323-330.

[61] 张勋, 邓存宝, 王雪峰. 双煤系煤层群开采覆岩动态形变及矿压显现规律研究[J]. 煤炭科学技术, 2017, 45(9): 103-108.

[62] 孙立, 杨科, 闫书缘, 等. 近距离煤层群下行开采覆岩运移特征试验分析[J]. 地下空间与工程学报, 2014, 10(5): 1158-1163.

[63] 付兴玉, 李宏艳, 李凤明, 等. 房式采空区集中煤柱诱发动载矿压机理及防治[J]. 煤炭学报, 2016, 41(6): 1375-1383.

[64] 侯运炳, 何尚森, 谢生荣. 近距离煤层层间老顶损伤及破断规律研究[J]. 岩土力学, 2017, 38(10): 2889-2997.

[65] 程志恒, 齐庆新, 李宏艳, 等. 近距离煤层群叠加开采采动应力-裂隙动态演化特征实验研究[J]. 煤炭学报, 2016, 41(2): 367-375.

[66] 王晓振, 许家林, 朱卫兵, 等. 走向煤柱对近距离煤层大采高综采面矿压影响[J]. 煤炭科学技术, 2009, 37(2): 1-4, 21.

[67] 杨俊哲. 浅埋近距离煤层过上覆采空区及煤柱动压防治技术[J]. 煤炭科学技术, 2015, 43(6): 9-13, 40.

[68] 周海丰. 综采工作面过上覆集中煤柱压架机理分析[J]. 煤炭科学技术, 2014, 42(7): 120-123, 128.

[69] 田臣, 刘英杰, 周海丰. 综采工作面回采过上覆集中煤柱及采空区技术[J]. 煤炭科学技术, 2014, 42(8): 124-128.

[70] 黄庆享, 杜君武, 刘寅超. 浅埋煤层群工作面合理区段煤柱留设研究[J]. 西安科技大学学报, 2016, 36(1): 19-23.

[71] 杜君武, 黄庆享. 浅埋煤层同采工作面合理走向错距研究[J]. 煤炭科学技术, 2017, 45(9): 122-127.

[72] 黄庆享, 曹健, 杜君武, 等. 浅埋近距煤层开采三场演化规律与合理煤柱错距研究[J]. 煤炭学报, 2019, 44(3): 681-689.

[73] 黄庆享, 曹健, 贺雁鹏, 等. 浅埋近距离煤层群分类及其采场支护阻力确定[J]. 采矿与安全工程学报, 2018, 35(6): 1178-1184.

[74] 黄克军, 黄庆享, 王苏健, 等. 浅埋煤层群采场周期来压顶板结构及支架载荷[J]. 煤炭学报, 2018, 43(10): 2688-2693.

[75] 黄庆享, 黄克军, 赵萌烨. 浅埋煤层群大采高采场初次来压顶板结构及支架载荷研究[J]. 采矿与安全工程学报, 2018, 35(5): 941-944.

[76] 钱鸣高, 许家林. 覆岩采动裂隙分布的"O"形圈特征研究[J]. 煤炭学报, 1998, 23(5): 466-469.

[77] 刘辉, 何春桂, 邓略中, 等. 开采引起地表塌陷型裂缝的形成机理分析[J]. 采矿与安全工程学报, 2013, 30(3): 380-384.

[78] 胡振琪, 王新静, 贺安民. 风积沙区采煤沉陷地裂缝分布特征与发生发育规律[J]. 煤炭学报, 2014, 39(1): 11-18.

[79] 范立民, 张晓团, 向茂西, 等. 浅埋煤层高强度开采区地裂缝发育特征——以陕西榆神府矿区为例[J]. 煤炭学报, 2015, 40(6): 1442-1447.

[80] 胡永忠, 刘长郄, 刘长友, 等. 煤层群混合开采采动裂隙发育规律研究[J]. 采矿与安全工程学报, 2015, 32(3): 396-400.

[81] 徐乃忠, 高超, 倪向忠, 等. 浅埋深特厚煤层综放开采地表裂缝发育规律研究[J]. 煤炭科学技术, 2015, 43(12):

124-128.

[82] 许家林, 秦伟, 陈晓军, 等. 采动覆岩卸荷膨胀累积效应的影响因素研究[J]. 煤炭学报, 2022, 47(1): 115-127.

[83] 薛东杰, 周宏伟, 任伟光, 等. 浅埋深薄基岩煤层组开采采动裂隙演化及台阶式切落形成机制[J]. 煤炭学报, 2015, 40(8): 1746-1749.

[84] 王双明, 申艳军, 孙强, 等. 西部生态脆弱区煤炭减损开采地质保障科学问题及技术展望[J]. 采矿与岩层控制工程学报, 2020, 2(4): 5-19.

[85] 李全生, 张村. 基于采动空间守恒的西部矿区高强度开采损伤传导模型及应用[J]. 采矿与安全工程学报, 2021, 38(1): 1-8.

[86] 李全生, 郭俊廷, 张凯, 等. 西部煤炭集约化开采损伤传导机理与源头减损关键技术[J]. 煤炭学报, 2021, 46(11): 3636-3643.

[87] 黄庆享, 杜君武, 侯恩科, 等. 浅埋煤层群覆岩与地表裂隙发育规律和形成机理研究[J]. 采矿与安全工程学报, 2019, 36(1): 7-15.

[88] 黄庆享, 杜君武. 浅埋煤层群开采的区段煤柱应力与地表裂缝耦合控制研究[J]. 煤炭学报, 2018, 43(3): 591-598.

[89] 侯恩科, 黄庆享, 毕银丽, 等. 浅埋煤层开采地面塌陷及其防治[M]. 北京: 科学出版社, 龙门书局, 2020.

[90] 钱鸣高, 石平五. 矿山压力与岩层控制[M]. 徐州: 中国矿业大学出版社, 2003.

[91] 张金才, 肖奎仁. 煤层底板采动破坏特征研究[J]. 煤矿开采, 1993, (3): 44-49.

[92] 孙向阳, 孟祥瑞, 赵光明, 等. 采面底板及煤壁破坏塑性区研究[J]. 煤炭科技, 2009, (3): 10-13.

[93] 张金才, 刘天泉. 论煤层底板采动裂隙带的深度及分布特征[J]. 煤炭学报, 1990, 15(2): 46-54.

[94] 钱鸣高, 缪协兴, 何富连. 采场“砌体梁”结构的关键块分析[J]. 煤炭学报, 1994, 19(6): 557-563.

[95] 黄庆享. 浅埋煤层长壁开采岩层控制[M]. 北京: 科学出版社, 2018.

[96] 黄庆享. 厚沙土层在顶板关键层上的载荷传递因子研究[J]. 岩土工程学报, 2005, 27(6): 672-676.

[97] 钱鸣高, 许家林, 王家臣. 再论煤炭的科学开采[J]. 煤炭学报, 2018, 43(1): 1-13.